Kristina Ziemer-Falke & Jörg Ziemer

Start-up
für Hundetrainer

So gründen Sie Ihre Hundeschule

© 2020 Kynos Verlag Dr. Dieter Fleig GmbH
Konrad-Zuse-Straße 3, D-54552 Nerdlen/Daun
Telefon: 06592 957389-0
www.kynos-verlag.de

Grafik & Layout: Kynos Verlag

Gedruckt in Lettland

ISBN 978-3-95464-219-9

Bildnachweis:
Alle Illustrationen: Torben Ziemer
Foto S. 7: berkhausen photography https://berkhausen.de
Umschlag: Kynos Verlag , Illustrationen Torben Ziemer

Mit dem Kauf dieses Buches unterstützen Sie die
Kynos Stiftung Hunde helfen Menschen
www.kynos-stiftung.de

Das Werk einschließlich aller seiner Teile ist urheberrechtlich geschützt.

Jede Verwertung außerhalb der engen Grenzen des Urheberrechtsgesetzes ist ohne schriftliche Zustimmung des Verlages unzulässig und strafbar. Das gilt insbesondere für Vervielfältigungen, Übersetzungen, Mikroverfilmungen und die Einspeicherung und Verarbeitung in elektronischen Systemen.

Haftungsausschluss: Die Benutzung dieses Buches und die Umsetzung der darin enthaltenen Informationen erfolgt ausdrücklich auf eigenes Risiko. Der Verlag und auch der Autor können für etwaige Unfälle und Schäden jeder Art, die sich bei der Umsetzung von im Buch beschriebenen Vorgehensweisen ergeben, aus keinem Rechtsgrund eine Haftung übernehmen. Rechts- und Schadenersatzansprüche sind ausgeschlossen. Das Werk inklusive aller Inhalte wurde unter größter Sorgfalt erarbeitet. Dennoch können Druckfehler und Falschinformationen nicht vollständig ausgeschlossen werden. Der Verlag und auch der Autor übernehmen keine Haftung für die Aktualität, Richtigkeit und Vollständigkeit der Inhalte des Buches, ebenso nicht für Druckfehler. Es kann keine juristische Verantwortung sowie Haftung in irgendeiner Form für fehlerhafte Angaben und daraus entstandenen Folgen vom Verlag bzw. Autor übernommen werden. Für die Inhalte von den in diesem Buch abgedruckten Internetseiten sind ausschließlich die Betreiber der jeweiligen Internetseiten verantwortlich.

Inhaltsverzeichnis

Vorwort 6

KAPITEL 1 – Die Basis aufbauen 9

Endlich ist es soweit! 10
Die ersten Alltagsgedanken 11
Wem muss ich Bescheid sagen,
   dass ich gewerblich als Hundetrainer arbeiten möchte? 12
Ihr Veterinäramt 13
Ihr Gewerbeamt 17
Ihre Krankenkasse 19
Ihre Versicherung 19
Kann ich das finanziell überhaupt stemmen? Fördermittel 22
Als Hundetrainer tätig sein 23
Die Rechtsform 24
Die Existenzgründung 27
Gründungsphasen – Ein Überblick für Sie! 30
Ihr Businessplan 35
Die Standortanalyse 52
Der Markt und Ihre Idee 57
Die Finanzplanung – Was gehört alles in eine vollständige Finanzplanung? 61

KAPITEL 2 – Ihre Buchhaltung und Steuern 77

Ihre Ablage 79
Führen eines Kassenbuchs 80
Mit Karte zahlen 86
Rechnungen erstellen 89
Mahnungen 92
Die Aufbewahrungspflicht 94
Geschäftskonto – ja oder nein? 96
Ihr eigenes Gehalt 99
Steuerberater – brauchen Sie einen? 101
Steuerdschungel – was wofür und überhaupt … 103
Mitarbeiter und Personalwesen 109

KAPITEL 3 – Marketing 115
- Wie nennen Sie Ihre Hundeschule? 118
- Ihr Internetauftritt 120
- Content Marketing 126
- Netzwerken Sie online..127
- Netzwerken Sie persönlich 133
- Flyer und Visitenkarten 134
- Visitenkarten 135
- Autowerbung – Fluch und Segen zugleich......................................135
- Arbeitskleidung für den Hundeplatz 136
- Kundenbindung 138

KAPITEL 4 – Ihr Alltag beginnt..141
- Der Stundenplan 142
- Arbeitsblätter und Checklisten 144
- Der Kunde kommt 165
- Die Fallanalyse 174
- Wie sicher sind Verhaltens-Prognosen?.......................................184
- Ihre Behandlungsempfehlung 185
- Aufbau der Trainingsstunde 187
- Coaching 189
- Beratung 189
- Hilfsmittel in der Analyse: Klarheit schaffen, wenn es verworren wird.............190
- Die Beziehung zwischen Ihnen und dem Hundehalter
  – Drei Faktoren zur Motivation...192
- Weitere Tipps, die Sie auf Ihrem Weg mit
  Ihrem Kunden unterstützen sollen 194

Kapitel 5 – Troubleshooting 203
- Frustration beim Training: Unser Kunde arbeitet nicht richtig mit........208
- Wer ist unser Kunde? 210
- Umgang mit Einwänden 214
- Verdeckte Aufträge/Intentionen 216
- Verantwortung abschieben 216
- Emotionale Erpressung..218
- Entscheidung für eine Abgabe oder Euthanasie abschieben 218
- Hundetrainer als Verbündeten zu einer Allianz gegen
  Familienmitglieder gewinnen 219
- Halter will den sekundären Nutzen bestehen lassen 219
- Unmögliche Aufträge..220
- Typische Probleme in der Verhaltensberatung,
  deren Ursprung im Auftrag liegt 223
- Umgang mit Vorannahmen/Vorurteilen...224
- Wie sehr können wir uns auf die Aussagen der Halter verlassen?..............226

Sachverhalte einkreisen: Katrin und Paul liegen tot in einer Wasserlache 227
Muss ich mit jedem klarkommen? 228
Maßnahmen im akuten Zustand (Notlösung) 229

Serviceteil 230

Kopier- und Downloadvorlagen 231
Unsere persönlichen Empfehlungen für Partner,
    mit denen wir gute Erfahrungen in der Zusammenarbeit gemacht haben 239
Buchtipps 240
So erreichen Sie uns 240

Vorwort

Liebe Leserin, lieber Leser,

liebe Hundetrainerin, lieber Hundetrainer,

wie schön, dass Sie den Weg gehen, sich Ihren Lebenstraum zu erfüllen und Ihre eigene Hundeschule eröffnen, um als Hundetrainer tätig zu werden. Durch unsere vielen tollen Teilnehmer wissen wir, dass die Begeisterung rund um kynologische Themen nahezu unbegrenzt zu sein scheint und die ersten Trainingsstunden kaum abzuwarten sind. Das ist ein tolles Gefühl und wir gratulieren Ihnen von Herzen, dass Sie soweit gekommen sind und nun vor dem Schritt der eigenen Selbstständigkeit mit Ihrem eigenen Unternehmen stehen!

Gleichzeitg wissen wir auch, dass Sie sich nun am liebsten nur noch mit Hundehaltern und deren Hunden tummeln möchten. Allerdings gehört zu einer erfolgreichen Hundeschule noch einiges mehr, denn viele Aufgaben in verschiedenen Bereichen warten nun auf Sie! Die Buchhaltung macht sich nicht von alleine, ohne Marketing klopfen nicht so viele Leute an Ihre Tür und auch die Trainingsstunden müssen konzipiert werden.

Aus diesem Grund haben wir nun sowohl unser Wissen als auch unsere eigenen Lernerfahrungen geschnappt und Ihnen einen Ratgeber geschrieben, der Sie auf Ihrem Weg begleiten soll – zum Nachschlagen und Nachmachen! Wir sind gerne für Sie da – nicht nur in diesem Buch, sondern auch real, sollten Sie Fragen beim Aufbau Ihrer Hundeschule haben.

Sie finden bestimmt die eine oder andere kleine Anekdote von uns, die wir selbst durch- oder überlebt haben. Das soll Ihnen Mut machen, nicht aufzugeben, Ihren Traum zu leben und zu verwirklichen. Denn trotz der vielen Arbeit, die Sie in Ihr Unternehmen stecken werden, werden Sie immer wieder feststellen, dass der Beruf des Hundetrainers der schönste Beruf der Welt ist!

Wir wünschen Ihnen viel Spaß beim Lesen, sehr viel Erfolg beim Aufbau Ihrer Hundeschule und dass sich alle Ihre Wünsche umsetzen und erfüllen lassen!

*Alles Liebe
Ihre Kristina Ziemer-Falke und Ihr Jörg Ziemer*

KAPITEL 1
Die Basis aufbauen

Endlich ist es soweit!

Die Prüfung zum Hundetrainer wurde erfolgreich absolviert (Herzlichen Glückwunsch!) oder steht kurz bevor und der eigenen Hundeschule steht nichts mehr im Wege. Es kann losgehen! Das Veterinäramt hat die Erlaubnis erteilt, dass Sie nach dem Tierschutzgesetz über die nötige Sachkunde verfügen, um gewerblich mit Hunden (und deren Haltern) zu trainieren. Sie werden dafür lange die Ausbildungsbank gedrückt haben, genießen Sie also das Gefühl der Erleichterung nach Ihrer bestandenen Prüfung.

Der Kopf ist also frei, sich in die kynologische Arbeitswelt zu stürzen und seinen eigenen Traum zu verwirklichen – die eigene Hundeschule! Nur … wie genau?

Nun hat man die Prüfung und das Lernen aus dem Kopf und schon stehen neue Aufgaben und Abenteuer bevor. Im Kopf schwirren viele Fragen, einige davon könnten lauten:

- Wie baue ich meine Homepage auf?
- Muss ich Visitenkarten haben?
- Wie viele Kunden kann ich in einem Kurs betreuen? Wo bekomme ich diese überhaupt her?
- Was mache ich, wenn ich nicht weiterweiß?
- Wie und was denken meine Mitanbieter über mich?
- Wie kann ich zukünftige Kunden für mich gewinnen, zumal es doch diese verflixte Datenschutzverordnung gibt – kurz: DSGVO – was darf ich eigentlich machen?
- Muss ich einen Steuerberater haben?
- Oh Gott, schaffe ich das alles?

Die Antwort ist: ja! Sie haben nun so lange gearbeitet – da machen Sie jetzt keinen Rückzieher! Außerdem sind wir an Ihrer Seite! Gemeinsam mit diesem Buch unterstützen wir Sie bei Ihrem Weg in die Selbständigkeit und begleiten Sie – Schritt für Schritt und übersichtlich aufgeteilt in verschiedene Themenschwerpunkte. Nutzen Sie dieses Buch für Ihren Aufbau, zum Nachschlagen, zur Ideensammlung und Motivation.

Die ersten Alltagsgedanken

Sicherlich denken Sie in erster Linie daran, inhaltlich die Stunden zu planen – keine Sorge, das werden wir auch noch machen, aber das ist der Teil, mit dem Sie erst wirklich loslegen müssen, wenn Sie Kunden haben – oder kurz davor. Somit nutzen Sie Ihre (noch) freie Zeit – um sich einen Stundenplan zu erstellen, wie Sie in kleinen Etappensiegen Ihre Hundeschule aufbauen.

Erstellen Sie einen Stundenplan für die nächsten vier Wochen. Nehmen Sie Ihren Kalender und tragen feste Arbeitszeiten ein, in denen Sie sich mit Ihrer Hundeschule auseinandersetzen wollen. Die Zeiten können Sie flexibel an Ihren Alltag anpassen.

Im nächsten Schritt geht es darum, diese Zeitfenster zu füllen, und zwar mit Kreativität und Köpfchen. Wir stellen in diesem Buch viele Themenbereiche vor, diese gehören aber unterschiedlichen Kategorien an. Bringen Sie Farbe in Ihren Kalender und bekommen dadurch schnell eine Übersicht, welchem Thema Sie sich gerne

Es kann also gut sein, dass Sie an einem Montag vielleicht gar keine Zeit haben, weil Sie dann für Ihren noch derzeitigen Hauptberuf unterwegs sind. Kein Problem! Dann machen Sie am Montag nichts, außer abends die Füße hoch zu legen. Schauen Sie, was Ihnen der Kalender für Dienstag anzeigt. Sie kommen um 15 Uhr nach Hause? Prima, ruhen Sie sich eine Stunde aus und blocken dann zum Beispiel von 16 Uhr bis 18 Uhr den Kalender. Dann prüfen Sie mittwochs und so weiter.
In der dritten Woche sollten Sie den Kalender bereits für die weiteren vier Wochen planen, so bleiben Sie aktuell im Fluss mit Ihren Arbeitszeiten. Gewöhnen Sie sich an, dass Sie zwei freie Tage pro Woche haben! Glauben Sie es uns aus Erfahrung! Man gibt gerne und täglich – aber auf Dauer kommt es zu Stress! Denken Sie daran, Sie bauen sich Ihre Selbstständigkeit auf, ja, selbst und ständig! Aber auch Sie benötigen eine Verschnaufpause – egal, wie toll dieser Job ist! Je eher Sie sich an zwei freie Tage gewöhnen, umso leichter fällt es Ihnen, auch einfach mal nur privat als Hundehalter spazieren zu gehen. Also: zwei freie Tage pro Woche!

widmen oder wo Sie gegebenenfalls nachrüsten müssen. Dieser Schritt ist wichtig, denn aus Ihren Ideen werden Ihre Ziele erschaffen! Und mit diesen werden wir arbeiten, um diese in einen „Schlachtplan" für die nächsten Jahre einzubauen – um diese wiederum zu erreichen! Und dabei haben wir Spaß, Sie zu begleiten.

Wem muss ich Bescheid sagen, dass ich gewerblich als Hundetrainer arbeiten möchte?

Wir gehen jetzt einmal davon aus, dass Ihre nötigen Fachkenntnisse und Befähigungsnachweise vorhanden sind. Mit der Gründung eines Unternehmens sind nun folgende Aufgaben für Sie zu erledigen – hier eine kleine Übersicht, bevor wir uns ins Getümmel werfen:

- Ein Gewerbe muss beim zuständigen Gewerbeamt angemeldet werden. Die zu entrichtende Gewerbesteuer wird standortabhängig berechnet. Vor Ort wird man Ihnen sicher Ihren Steuersatz mitteilen können.

- Durch die Gewerbeanmeldung ergibt sich automatisch eine Pflichtmitgliedschaft bei der IHK. Nicht erschrecken, Kleinbetriebe und Existenzgründer profitieren bis zu einem bestimmten Jahresgewinn von einer Beitragsbefreiung. Das Formular zu voraussichtlichen Umsätzen wird Ihnen von der IHK zugeschickt.

- Ihr Unternehmen benötigt – entsprechend der Rechtsform – einen Namen, der idealerweise originell ist und Wiedererkennungswert hat. Mehr zur Rechtsform ab S. 24.

- Erarbeiten Sie die Allgemeinen Geschäftsbedingungen. Übrigens gibt es recht „frische" Gerichtsurteile, die besagen, dass die AGB´s nicht nur auf der Homepage präsent sein müssen, sondern auch ausgedruckt in Ihrem Unternehmen, sichtbar für Ihre Kunden, hinterlegt sein sollten. Ihr Rechtsanwalt kann Sie zu diesem Thema beraten, da die AGB´s auf Ihre Bedürfnisse angepasst werden sollten.

> Apropos IHK – Die IHK bietet regelmäßig tolle Seminare an, die viele Bereiche zur Selbständigkeit, Gründung und so weiter abdecken. Diese sind für Mitglieder kostenfrei oder günstiger. Schauen Sie öfters mal auf der Homepage nach, so dass sich für Sie nicht nur kynologische Fortbildungen anbieten, sondern auch wirtschaftliche, die Ihr Unternehmen unterstützen.

- Klären Sie Ihren Versicherungsschutz! Sie benötigen auf jeden Fall eine Betriebshaftpflichtversicherung. Ebenso sollten Sie prüfen, wie es um Ihre Kranken- und Unfallversicherung steht. Bei einem Gespräch mit Ihrer Versicherungsagentur sollte auch das Stichwort Arbeitsunfähigkeitsversicherung fallen.
- Regeln Sie Ihre Finanzierung, etwa durch einen Businessplan.
- Leiten Sie das Marketing ein.

Auch in Österreich benötigen Sie einen Gewerbeschein, nämlich einen für das freie Gewerbe „Ausbildung, Betreuung, Pflege und Vermietung von Tieren sowie die Beratung hinsichtlich artgerechter Haltung und Ernährung von Tieren mit Ausnahme der den Tierärzten vorbehaltenen diagnostischen und therapeutischen Tätigkeiten". Darunter fallen Sie als Hundetrainer, aber auch als Tiersalons, Tierpensionen und Tierbetreuer.

Die rechtliche Grundlage zur Ausübung erklärt die Gewerbeordnung (§5 GewO1994). Weiterhin finden Sie weiterführende Informationen unter §29 GewO 1994. Studieren Sie die Inhalte, damit Sie wissen, was auf Sie zukommt.

In der Schweiz müssen Sie ebenfalls ein Gewerbe anmelden. Informieren Sie sich in Ihrem zuständigen Kanton, dort wird man Ihnen genau sagen können, welche Nachweise Sie erbringen sollten, bevor Sie Ihre Hundeschule eröffnen. Tierschutzkonformes Arbeiten sind in Österreich und der Schweiz genauso wichtig wie in Deutschland.

Ihr Veterinäramt

Auch, wenn Sie vielleicht schon lange mit Ihrem Veterinäramt in Kontakt stehen, fassen wir diesen Passus dennoch einmal an. Bis vor einigen Jahren war es möglich, dass sich jeder Mensch, egal ob ausgebildet oder nicht, als Hundetrainer bezeichnen und tätig werden durfte. Dies ist nicht mehr so. Es wurde ein Gesetz erlassen, welches besagt, dass Hundetrainer, die gewerblich mit den Hunden Dritter arbeiten möchten, über die nötige Sachkunde verfügen müssen. Dies finden Sie in TschG §11, Abs.1, Nr. 8f.

Somit ist das Veterinäramt der richtige Ansprechpartner, wenn es um Ihre Genehmigung geht. Sie als Hundetrainer sind verpflichtet, auf das Veterinäramt zuzugehen. Die Behörden werden Sie nicht aufsuchen. Das fällt in Ihren Bereich. Sie sollten alle Ihre Unterlagen zusammenstellen.
Die Mitarbeiter möchten sich ein möglichst gutes Bild von Ihnen machen können.

Tragen Sie also alle (!) Unterlagen zusammen, die nachweisen, dass Sie im Bereich Erfahrung mit Hund sehr aktiv unterwegs sind. Mögliche Unterlagen wären:

- Teilnahmebescheinigungen Ihrer Aus- und Weiterbildungen
- Zertifikate über absolvierte Prüfungen
- Praktikumsnachweise
- Tätigkeiten in Vereinen oder Tierschutzorganisationen, auch ehrenamtliche Tätigkeiten
- Tiermedizinisches Vorwissen
- und so weiter

Beschreiben Sie zudem, was Sie vorhaben:

- Soll es bei der Tätigkeit als Hundetrainer bleiben oder vielleicht doch noch eine Hundepension dazu? ACHTUNG: Hier greift ein weiterer §11 aus dem TschG, der – je nach Auflage des Veterinäramtes – zusätzlich überprüft werden muss, und das unabhängig von Ihrer Erlaubnis, als Hundetrainer tätig zu sein.
- Möchten Sie mobil als Hundetrainer arbeiten oder einen festen Hundeplatz besitzen, sodass die Kunden zu Ihnen kommen können?
- Wird es ein eigenes Grundstück geben mit einem Gebäude, das Sie gewerblich nutzen wollen?

Rechtsgrundlagen für Hundetrainer in Österreich und in der Schweiz

Möchten Sie in Österreich tätig sein, so gelten andere Bestimmungen. Sie können in Wien freiwillig das Siegel „Tierschutzqualifizierter Hundetrainer" durch eine Prüfung erlangen. Setzen Sie sich dazu mit dem Messerli-Forschungsinstitut der Universität Wien auseinander. Dort bekommen Sie alle nötigen Informationen zu den theoretischen und praktischen Prüfungsteilen. In Österreich wird eine Berufserfahrung von mindestens zwei Jahren erwartet, bevor Sie die Prüfung absolvieren können.

Veterinärmedizinische Universität Wien
Messerli Forschungsinstitut
Veterinärplatz 1
1210 Wien

Möchten Sie sich vorab schon informieren, so schauen Sie auch unter folgendem Link: https://www.vetmeduni.ac.at/fileadmin/v/messerli/koordinierungsstelle/Nähere_Bestimmungen_über_die_tierschutzkonforme_Ausbildung_von_Hunden.pdf Dort erhalten Sie wichtige Voraussetzungen zur Prüfungsabnahme und zum Erhalt des Gütesiegels.

In der Schweiz untersteht der Hundetrainer keiner geschützten Berufsbezeichnung. Es gibt die Schweizerische Kynologische Gesellschaft SKG, die sich um die vereinsinternen Standards kümmert.

Schweizerische Kynologische Gesellschaft SKG
Geschäftsstelle
Postfach 3055
3001 Bern
www.skg.ch

Auch erhalten Sie Informationen zu neuen Gesetzesänderungen, Verordnungen o. Ä. beim „Bundesamt für Lebensmittel und Veterinärwesen".

Bundesamt für Lebensmittelsicherheit und Veterinärwesen BLV
Schwarzenburgstrasse 155
3003 Bern

In der Schweiz hat sich ein Dachverband gegründet, der „Verband Kynologie Ausbildungen Schweiz", kurz VKAS. Bestreben und Ziele sind, die tierschutzgerechten und artgerechten Bedürfnisse von Hunden zu verfolgen. Gerade in der Startphase eine Möglichkeit, dort Kontakt aufzunehmen, sich auszutauschen und zu netzwerken.

Möchten Sie ein Gewerbe in der Schweiz anmelden, so gelten wieder andere Bestimmungen als in Deutschland oder Österreich. Sie können sich auf folgender Seite gut informieren: https://www.gewerbe-anmelden.info/oesterreich-schweiz/schweiz/gewerbe-anmelden-ch.html

Je größer Ihre Wunschliste wird, desto mehr Gesetze und Auflagen kommen auf Sie zu. Es ist nicht immer so leicht, ein passendes Grundstück zu bekommen, auf dem man arbeiten kann. Machen Sie sich darauf gefasst, dass Rückfragen kommen, bezüglich:

- Emissionsschutz

- Lärmschutz – hier kann es sogar sein, dass Sie ein Lärmschutzgutachten nachweisen müssen und es Auflagen zum Thema „Hundegebell" geben kann.

- Möchten Sie freiverkäufliche Arzneimittel vertreiben, so benötigen Sie dazu eine weitere Genehmigung. Wir sprechen immer liebevoll vom „Giftschein". Offiziell ist es aber Sachkundenachweis nach § 50 AMG (Arzneimittelgesetz), sonst dürfen Sie keine Arzneimittel, worunter beispielsweise auch manche Flohhalsbänder fallen, verkaufen.

- Das Baurecht wird auf Sie zukommen, wenn Sie ein Gebäude umbauen möchten. Auch werden Sie im Vorfeld klären müssen, ob Sie auf dem bevorzugten Grundstück überhaupt gewerblich tätig werden dürfen. Das ist in Wohngebieten nicht immer gerne gesehen und teilweise auch verboten.

Dennoch, der Weg lohnt sich! Es geht schließlich um Ihren Traum. Stellen Sie sich diesen Herausforderungen und planen Sie die Behördengänge in Ihren Kalender ein. Stück für Stück und in Ruhe.

Anmerkung: Im weiteren Verlauf des Buches sprechen wir vom §11 des Tierschutzgesetzes, um nicht immer den vollen Paragraphen in voller Länge nutzen zu müssen.

Ihr Gewerbeamt

Ihre neue Tätigkeit als Hundetrainer oder die Eröffnung einer Hundeschule werden Sie als Gewerbe bei Ihrer Gemeinde anmelden. Das muss nicht zwingend die Gemeinde sein, wo Ihr Wohnsitz ist. Haben Sie beispielsweise einen Hundeplatz in einer anderen Gemeinde, so können Sie dort Ihren Firmensitz anmelden. Sie finden das Gewerbeamt meistens im Rathaus beziehungsweise Ordnungsamt. Die Anmeldung beim Gewerbeamt ist ein recht einfacher und unkomplizierter Gang, bei dem Sie an Ihren Personalausweis denken und ein wenig Geld mitbringen sollten. Die eigentliche Anmeldung geschieht über ein Formblatt, das meistens direkt vor Ort ausgefüllt wird. Teilweise kann man sich auch online anmelden, je nach Gemeinde.

Tja, das war´s schon: Herzlichen Glückwunsch, nun sind Sie selbständig!

Hinterfragen Sie noch kurz, ob Ihre Daten automatisch an das Finanzamt geleitet werden oder Sie sich dort extra melden sollten. In den meisten Fällen läuft dies automatisch und es dauert nicht lange und Sie erhalten Ihre erste offizielle Post als Hundetrainer – nämlich von Ihrem Finanzamt.

Dieses sendet Ihnen einen Bogen zu, um Sie steuerlich korrekt erfassen zu können. Keine Sorge, meist gibt es noch einen Infobogen in der Art von FAQs dazu. So können Sie alle Fragen auch noch mal nachlesen, um deren Sinnhaftigkeit zu verstehen und richtig antworten zu können. Zudem hat das Finanzamt eine beratende Funktion – Sie sind nicht alleine mit den Bögen und können jederzeit um Hilfe bitten. Dieses Formular wird unter anderem auch ausgefüllt, um Ihnen anschließend Ihre Steuernummer zuteilen zu können.

Ihre Steuernummer hat mehrere Aufgaben:

- Die Steuernummer muss auf jeder Rechnung von Ihnen stehen und sollte in den Briefkopf eingearbeitet werden, dazu erfahren Sie später im Kapitel Steuern und Buchhaltung mehr.

- Sie werden die Steuernummer zur Korrespondenz mit Ihrem Finanzamt benötigen.

Wenn Sie Rechnungen ins Ausland stellen oder auch Lieferungen im In- und Ausland ausführen und steuerpflichtige Leistungen erbringen, benötigen Sie eine Umsatzsteuer-Identifikationsnummer. Diese stellt Ihnen ebenfalls Ihr Finanzamt zur Verfügung. Im Gegensatz zu Ihrer Steuernummer muss die Umsatzsteuer-ID im Impressum Ihrer Homepage präsent sein. Für Kleinunternehmer gilt dasselbe, wenn sie Handel mit dem EU-Ausland betreiben.

Normalerweise wird zwar durch Ihre Gewerbeanmeldung automatisch eine Meldung bei der gesetzlichen Unfallversicherung gemacht, dies ersetzt aber nich die eigene Anmeldung des jungen Unternehmers bei der gesetzlichen Unfallversicherung. Dies muss innerhalb einer Woche nach der Gewerbeanmeldung geschehen. Für Hundetrainer ist normalerweise die Verwaltungs-Berufsgenossenschaft zuständig (VBG). Im Einzelfall kann aber auch ein anderer Unfallversicherungsträger zuständig sein. Das wird unter anderem davon abhängig gemacht, wie die Tätigkeiten des Selbstständigen genau aussehen.

Auf jeden Fall sind eventuelle Mitarbeiter durch die gesetzliche Unfallversicherung für Arbeitsunfälle und Fahrten von und zur Arbeit abgesichert. Ob der Unternehmer selber abgesichert ist, hängt davon ab, ob er sich von der Pflichtversicherung befreien kann. Dies muss mit der jeweiligen Unfallversicherung individuell geklärt werden.

Eine wichtige Frage im steuerlichen Erfassungsbogen des Finanzamts für Sie wird sein, ob Sie als Kleinunternehmer starten oder nicht – Ihr wichtigstes Kreuz, das Sie setzen! Dazu aber später mehr.

Unter folgender Telefon-Infoline erfahren Sie Ihre zuständige Berufsgenossenschaft: 0180 - 5188088 (12 ct/Min.) Stand: 2019

Ihre Krankenkasse

In Deutschland gibt es eine Krankenversicherungspflicht. Sicherlich werden Sie derzeit krankenversichert und somit abgesichert sein. Keine Sorge, das wird auch erst einmal so bleiben. Dennoch sollten Sie die Weichen stellen und Ihre Krankenkasse über Ihre Selbständigkeit informieren. Die Folge davon wird sein, dass sich die Krankenkasse regelmäßig bei Ihnen melden wird und erfragt, wie es um Ihren Umsatz/ Gewinn steht. Je nach Ihren Einkünften ändern sich die Beiträge oder Überlegungen stehen langfristig an, ob Sie in eine private Krankenkasse wechseln. Das ist aber eine individuelle Berechnung aufgrund Ihrer persönlichen Lebenssituation. An dieser Stelle können wir leider keine Beispielrechnung geben, die wirklich zu Ihnen passt – aber Ihre Krankenkasse kann das und wird Sie sicher gerne beraten und individuell betreuen.

Ihre Versicherung

Versicherung ist mehr als einfach nur Krankenversicherung. Befinden Sie sich bisher in einem Angestelltenverhältnis, sind Sie gut durch die üblichen Sozial-, Kranken- und Rentenversicherungen abgedeckt. Dies hat aber nichts mit Ihrer Hundeschule zu tun – planen Sie hier langfristig. Sparen Sie auch nicht am falschen Ende. Lieber ein Agilitygerät zu Beginn weniger als einen Versicherungsschutz zu wenig. Jeder kennt sie – jeder hat sie und doch beschäftigt sich kaum jemand gerne mit ihnen: Versicherungen. Denn wer zahlt schon gerne Versicherungsprämien?

Wie wichtig eine Versicherung jedoch ist, merkt man leider erst dann, wenn der Schaden bereits eingetreten und es zu spät ist. Auch Hundetrainer sind vor dem Risiko per se nicht gefeit.

Sie werden ab nun für alles verantwortlich sein, was mit Ihrem Beruf und Ihrer Hundeschule zu tun hat. Puh, das kann ein mulmiges Gefühl auslösen! Besser ist es, Sie haben einen verlässlichen Partner an Ihrer Seite, nämlich eine gute Versicherung. Wir wissen natürlich auch, dass man sich nun viel lieber über Hunde austauschen würde, aber ganz ehrlich: Klären Sie zu Beginn Ihrer Karriere Ihre Absicherung – auch die langfristigen! – und dann haben Sie Ruhe und können sich stressfrei den wichtigen kynologischen Themen widmen.

Also, was kann man denn als Hundetrainer so gebrauchen?

Betriebshaftpflichtversicherung

Jeder Selbständige sollte sie haben.

Selbst bei Einhalten allergrößter Vorsichts- und Präventionsmaßnahmen können Unfälle oder andere Schäden passieren und bei nicht ausreichendem Versicherungsschutz gar existenzgefährdend sein. Egal, ob Sie Existenzgründer oder ein „alter Hase" sind: Hundetrainer und Inhaber von Hundeschulen benötigen eine passende Absicherung in Form einer Betriebshaftpflichtversicherung, die Sie während Ihrer Tätigkeit vor den finanziellen Folgen bei unvorhergesehenen Schäden schützt.

Hier einige wichtige Informationen, die Sie als Hundetrainer kennen sollten:

Wenn sich ein Teilnehmer in den Räumlichkeiten Ihrer Hundeschule, auf Ihrem eigenem Hundeplatz oder Gelände (egal, ob Eigentum, gemietet oder gepachtet) verletzt oder ein anderer Schaden eintritt, können Sie unter Umständen dafür haftbar gemacht werden.

Zwar muss jeder Hundehalter, der Ihr Hundetraining besucht, ebenfalls in Form einer Tierhalterhaftpflichtversicherung (diese ist in einigen Bundesländern sogar eine Pflichtversicherung) versichert sein, doch ob diese Versicherung zur Verantwortung gezogen wird oder Ihre Betriebshaftpflichtversicherung, muss geprüft werden.

Beschäftigen Sie freiberufliche Hundetrainer in Ihrer Hundeschule, so sollten Sie sich auch von diesen einen Nachweis über eine bestehende Betriebshaftpflichtversicherung vorlegen lassen.

Welche Aufgaben hat eine Betriebshaftpflichtversicherung?

Die Versicherung prüft anhand der rechtlichen Lage, ob Sie als Hundetrainer ein Verschulden trifft. Liegt das Verschulden bei Ihnen, sieht das deutsche Recht vor, dass Sie für diesen Schaden haften müssen. In diesem Fall tritt der Versicherer für den Schaden ein.

Doch die Betriebshaftpflichtversicherung hat noch eine weitere wichtige Aufgabe: Trifft Sie kein Verschulden, so steht Ihnen die Versicherung zur Seite, um alles Notwendige zu klären, notfalls sogar vor Gericht. Denn auch die Abwehr unbegründeter Ansprüche gehört zum Leistungsumfang. Mitversichert sind allgemein immer Personen-, Sach- und Vermögensschäden. Die Deckungssumme für diese Schäden sollte mindestens drei Millionen Euro pauschal betragen.

Was kostet eine Betriebshaftpflichtversicherung?

Es gibt verschiedene Arten, wie die Prämie für die Betriebshaftpflichtversicherung kalkuliert wird. In einigen Fällen muss die Anzahl der Teilnehmer mitgeteilt werden oder die Trainer sind nur bis zu einer gewissen Anzahl versichert. Ebenfalls besteht die Möglichkeit, dass die Prämie über den Jahresumsatz berechnet wird. Doch gerade für Existenzgründer ist diese Variante oft teurer, da hier häufig hohe Mindestprämien anfallen. Am einfachsten sind Tarife, in denen nur nach der Anzahl von Inhabern gefragt wird – so sind Sie immer auf der sicheren Seite. Ebenfalls besteht bei einigen Versicherern auch die Möglichkeit, die Hundehaftpflichtversicherung für den eigenen Hund und die Privathaftpflichtversicherung mit einzuschließen. Der Preis hängt also immer von mehreren Faktoren ab. Lassen Sie sich dazu am besten von einem Fachmann beraten, der Ihre Versicherung auf Ihre Bedürfnisse anpasst.

> *Manche Versicherer bieten sogar extra Pakete und Konditionen für Hundetrainer an oder haben Kooperationen mit Ausbildungsstätten. Auch wir haben einen solchen Partner, bei Interesse sprechen Sie uns gerne an (siehe Anhang).*

Weitere Versicherungen, die langfristig für Hundetrainer sinnvoll sind:

- **Rechtsschutzversicherung** – sollte es einmal zu einem Rechtsstreit kommen, sind viele Kosten und Gebühren über die Versicherung abgedeckt. Natürlich kommt es auf Ihren individuellen Vertrag an, welche Deckung und Leistungen Sie bekommen. Viele Hundetrainer sichern sich über eine Rechtsschutzversicherung erst später ab. Behalten Sie im Hinterkopf, dass Sie sich einmal jährlich fragen, ob für Sie eine Rechtsschutzversicherung infrage kommen sollte.

- **Berufsunfähigkeitsversicherung** – was passiert eigentlich, wenn Sie, etwa bedingt durch einen Unfall, nicht mehr einsatzfähig sind und Ihr täglich Brot nicht mehr mit Ihrem Traumberuf verdienen können? Gerade in den ersten Monaten Ihrer Selbstständigkeit hält sich das Risiko noch in Grenzen, weil Sie sich Ihren Kundenstamm erst aufbauen müssen. Doch ist der Zeitpunkt des „Point of no return" gekommen und Ihr Laden brummt, hängt sehr vieles (sowohl emotional als auch wirtschaftlich) von Ihnen ab. Haben Sie Kollegen, die Sie (auch langfristig) vertreten können? Haben Sie finanziell ein gutes Polster, auf das Sie in dieser Zeit zurückgreifen können? Wenn nein, sollten Sie mit Ihrem Versicherungsberater sprechen, welche Art der Berufsunfähigkeitsversicherung für Sie attraktiv sein könnte.

- **Altersvorsorge** – kaum einer hat sie, dabei ist sie extrem wichtig. Denn auch im Alter wollen wir angemessen abgesichert sein. Altersvorsorge heißt auch nicht gleich, dass Sie Unmengen an Beiträgen einzahlen müssen, sondern auch Kleinvieh gibt ja bekanntlich auch Mist … Es gibt viele tolle Möglichkeiten, für sich Vorsorge zu betreiben – schieben Sie das nicht nach hinten!

Auch auf uns warten jeden Monat Ausgaben für Versicherungen. Es gibt zwei Arten, wie man damit umgeht: Entweder, man ärgert sich, dass man diese Ausgaben hat. Oder aber: Freuen Sie sich darüber, dass Sie abgesichert sind, beruhigt schlafen können und mit Fachmännern und Fachfrauen zusammenarbeiten können, die im Falle eines Falles an Ihrer Seite stehen. Wir haben uns für die zweite Variante entschieden und allein das gute Gefühl macht es alles schon wieder ein wenig leichter! Freuen Sie sich, dass Sie sich absichern können!

Kann ich das finanziell überhaupt stemmen? Fördermittel

Nicht jeder hat das Glück, ein dickes finanzielles Polster sein Eigen zu nennen. Somit plagen einen natürlich auch unschöne Gedanken. Aber lassen Sie keine Möglichkeiten aus und prüfen Sie Ihre Förderchancen. Es gibt eine Reihe von Förderungen, die gerade neue Gründer nutzen können. Schauen Sie mal auf die folgende kleine Auflistung, ob da etwas für Sie dabei sein könnte. Übrigens, auch wird man nicht zwingend immer nur für seinen eigenen Betrieb gefördert, sondern auch für Weiterbildungen, und zum Beispiel kann es auch Unterstützung für den Aufbau der Website geben. Je nach Bundesland, in dem man lebt, ob man sofort Mitarbeiter einstellen möchte oder aus welcher Lebenssituation man startet (zum Beispiel Existenzgründung aus der Arbeitslosigkeit), gibt es unterschiedliche Fördermittel. So kann es sein, dass Sie kostengünstige Kredite für die Anschaffung der Grundausstattung und Büroeinrichtung erhalten können. Oder die Aus- und Weiterbildung von Ihnen oder eines Mitarbeiters wird finanziell unterstützt. Vor allem kann eine Fachberatung vor der Gründung sehr hilfreich sein. Auch diese wird unter bestimmten Umständen mit einer Geldspritze der Agentur für Arbeit unterstützt.

- Gründungszuschüsse – fragen Sie bei der Arbeitsagentur nach. Diese ist auch im Rahmen von AVGS für ein Coaching vor Existenzgründung zuständig (www.arbeitsagentur.de).

- kfW – Förderprogramme, dort finden Sie zinsvergünstigte Kredite – schauen Sie unter: www.kfW.de

- Gründercoaching – hier hilft Ihnen die IHK (Industrie- und Handelskammer) weiter (www.ihk.de).

Für alle Fördermittel, die eine Aus- und Weiterbildung beziehungsweise eine Beratung betreffen, müssen die Fördermittel vor der Buchung des Angebotes beantragt und genehmigt werden. Im Nachhinein werden Fördermittel nicht genehmigt. Darum: Erst Fördermittel beantragen und dann die Weiterbildung oder das Coaching buchen.

Als Hundetrainer tätig sein

Es wird für Sie verschiedene Möglichkeiten geben, wie Sie als Hundetrainer tätig sein können. Ein weiterer toller Vorteil in diesem Berufsfeld! Sie können ehrenamtlich einen Verein oder den Tierschutz unterstützen und dort tätig sein. Das ist ein Bedürfnis, das viele Hundetrainer haben. Sind Sie ein offizielles Mitglied, sind Sie über den Verein in den meisten Fällen versichert und abgesichert. Sicherlich werden Sie sich dort offiziell anmelden. Lesen Sie die Satzung Ihres Vereins, sodass Sie genau wissen, welche Rechte und Pflichten Sie haben. Es gibt so viele Klauseln, dass es sich lohnt, diese zu Beginn zu prüfen, um genau zu wissen, wie der Hase laufen wird.

Viele Hundetrainer möchten sich zu Beginn auch gerne anstellen lassen. So trägt man zu Beginn nicht gleich das komplette Risiko alleine, kann sich austauschen und recht entspannt – vielleicht – auch in die Selbständigkeit übergehen, sobald es sich richtig und gut anfühlt. Schön ist es, wenn diese Pläne offen und ehrlich mit der bestehenden Hundeschule kommuniziert werden, sodass kein böses Erwachen entsteht, sobald Sie Ihrem Arbeitgeber in der Hundeschule mitteilen, dass Sie selbst nun eine Hundeschule eröffnen. Die Erfahrung zeigte bei vielen Kollegen, dass dies leider zu Streitereien führen kann. Mit offenen Karten spielen Sie am besten.

Sind Sie sich von Anfang an sicher, dass Sie in die Selbständigkeit wollen, so haben Sie auch diese Freiheit. Sie können mit Ihrem Unternehmen im Nebengewerbe starten oder direkt im Vollerwerb. Dies können Sie nach Herzenslust, Zeit und finanziellen Kapazitäten gestalten. Wichtig ist nur, dass Sie sich über Ihr Unternehmen absichern. Am liebsten haben wir es natürlich, wenn alle Kunden nach der Analyse und dem Hundetraining zufrieden und glücklich sind – trotzdem sollten wir uns als Hundetrainer für den „Fall der Fälle" durch gewisse Vorkehrungen von Anfang an absichern. Das beginnt schon mit der passenden Rechtsform.

Die Rechtsform

Es gibt mehrere Möglichkeiten, wie ein Hundetrainer die Organisationsform seines Unternehmens (= Rechtsform) wählt. Zunächst ein kleiner Überblick über die für uns als Hundetrainer relevanten Rechtsformen:

Das Einzelunternehmen

Diese Rechtsform ist für einen Hundetrainer interessant, der alleine in das Business einsteigen möchte und gegebenenfalls keine Person hat, mit der er zusammen (im Team) gründet. Das heißt aber nicht, dass der Einzelunternehmer keine Mitarbeiter haben kann. Es bedeutet lediglich, dass ihm das Unternehmen ganz alleine gehört.

Vorteile des Einzelunternehmens

Der Einzelunternehmer unterliegt keinerlei Beschränkungen, was den Namen seines Geschäfts (= Firma) angeht, ganz im Gegensatz zu anderen Rechtsformen. Hier kann dieser sich frei entscheiden. Möchten Sie Ihre Hundeschule nach Ihrem Namen benennen, können Sie sie gerne „Hundeschule Maxi Mustermann" nennen, aber eben auch „Hundeschule Wilde Pfoten".

Ebenso müssen Sie keinen festen Betrag in das Unternehmen einbringen, ein sogenanntes Start- oder Grundkapital. Die Buchhaltung ist nicht so umfangreich zu führen wie bei anderen Rechtsformen. Ebenso sind keine Zahlen des Unternehmens offen zu legen (= Bilanz). Es besteht die Möglichkeit, als sogenannter „Kleingewerbetreibender" zu gelten: Hier gibt es bestimmte Umsatzschwellen, die zum Beispiel von der Zahlung von Gewerbesteuern

und gewissen Buchführungspflichten befreien. Dazu aber später mehr.

Diese Form ist eine typische und übliche Form, wie viele Hundetrainer sie wählen, wenn sie sich zu Beginn selbstständig machen.

> Im Gesetz suchen Sie den Begriff „Einzelunternehmer" übrigens vergeblich. Dort spricht man vom „eingetragenen Kaufmann", dem e.K.

> Auch wenn Sie zu Beginn noch keinen Steuerberater haben, der Sie begleitet, lohnt sich ein Infogespräch beim Steuerberater. Dort sollte der Punkt „Rechtsform" auf Ihrer Frageliste stehen.

Nachteile des Einzelunternehmens:
Der Einzelunternehmer haftet im Falle „eines Falles" auch mit seinem gesamten Privatvermögen (und damit kann das eigene Haus und der Hof gemeint sein). Dies sollten Sie wissen und dieses Risiko auch mit einem Steuerberater besprochen werden.

Die Gesellschaft bürgerlichen Rechts (GbR)

Wenn der Hundetrainer eventuell einen Partner an der Seite hat, mit dem er zusammen gründen möchte, käme die GbR als Rechtsform in Betracht. Die GbR ist eine so genannte „Personengesellschaft". Eine Personengesellschaft wird benannt, wenn mindestens zwei Menschen miteinander ein Gewerbe gründen möchten.

Vorteile bei der Gründung einer GbR:
Auch bei dieser Rechtsform wird kein Startkapital benötigt. Die Gründung ist mit wenigen Formalitäten verknüpft.

Nachteile bei der Gründung einer GbR:
Die Gesellschafter einer GbR müssen – ebenso wie der Einzelunternehmer – im Zweifel sowohl mit ihrem Privatvermögen als auch mit dem Geschäftsvermögen für die Verbindlichkeiten der Gesellschaft einstehen. Dies birgt ein großes Risiko.

Ferner ist es nicht möglich, den Namen der Gesellschaft (= auch hier „Firma") frei zu wählen. Dieser muss zwingend die Namen der Gesellschafter und den Zusatz „GbR" aufweisen.

Überlegen Sie sich auch, was geschehen soll, wenn einer der Partner verstirbt. Wer erbt? Kann der andere alleine weitermachen? Auch, wenn dies Horrorszenarien sind, spielen Sie diese präventiv durch und klären diese Punkte miteinander.

Benötigen Sie einen Gesellschaftervertrag?

Um sicher und entspannt schlafen zu können, empfehlen wir einen Vertrag, obwohl dieser nicht rechtlich zwingend erforderlich sein muss. Dennoch können Sie grundlegende Dinge festhalten, die anschließend klar geregelt sind, sollte es einmal zu Ärger mit Ihrem Partner der GbR kommen. Halten Sie schriftlich fest:
- *Wer zu welchen Anteilen in der GbR beteiligt ist*
- *Was der Unternehmensgegenstand ist*
- *Bis zu welcher Summe einer der Partner alleine für Investitionen tätigen darf*
- *Welche Einlagen (als Vermögen oder als Sache) von welchem Partner mit in die GbR gebracht werden*
- *Urlaub und Gehalt der Inhaber*

Die Gesellschaft mit beschränkter Haftung (GmbH)

Die GmbH ist eine Kapitalgesellschaft. Das bedeutet praktisch, dass diese ein Stammkapital (= Grundkapital) aufweist, in der Regel liegt das bei 25.000 €. Eine GmbH kann auch nur durch eine Person gegründet werden, obwohl diese den Namen „Gesellschaft" trägt. Das Einkommen der GmbH unterliegt der Körperschaftssteuer. Es fällt somit eine Steuer auf das Einkommen der juristischen Person an.

Vorteile bei der Gründung einer GmbH:
Der Gründer der GmbH haftet nicht mit dem Privatvermögen. Die Haftung ist auf das eingezahlte Stammkapital begrenzt.

Nachteile bei der Gründung einer GmbH:
Es ist nicht sonderlich einfach, eine GmbH zu gründen. Hierzu ist ein Gesellschaftsvertrag von Nöten, der durch einen Notar zu beurkunden ist. Dies löst zusätzliche Kosten aus. Weiter muss der Gründer so liquide sein, dass zumindest 12.500 € bei der Gründung auf ein Konto der Firma eingezahlt werden können.

Das Stammkapital darf danach nicht – auch nicht kurzfristig – für andere Zwecke verwendet werden. Der Zusatz „GmbH" muss dem Firmennamen zu entnehmen sein. Insbesondere die Buchhaltung/Bilanzierungspflichten der GmbH sind nicht zu unterschätzen. Dies sind – auch, wenn man aus anderen Rechtsformen wechselt – hohe Zeitaufwände, die einen erheblichen Kostenberg mit sich bringen.

Die Unternehmergesellschaft (UG)

Die UG ist quasi eine GmbH – mit einigen Abweichungen. Viele kennen sie auch unter dem Begriff Mini-GmbH.

Vorteile der UG
Sie ist deutlich einfacher zu gründen als die GmbH (sogar mit einem Vordruck möglich!) und benötigt ein geringeres Stammkapital – in der Theorie (!) sogar nur 1 €. Die Haftung ist nur auf das Stammkapital begrenzt, somit wird das Privatvermögen des Gründers geschützt.

Nachteile der UG:
Wird mit dem Stammkapital von z. B. 10 € gegründet, ist die UG nach Eingang der ersten Rechnung eigentlich formal zahlungsunfähig. Dies sollte zuvor unbedingt bedacht und gegebenenfalls mit einem Fachmann besprochen werden. Es ist nicht möglich, unbegrenzt Gewinne aus der UG abzuführen, sondern

es gibt eine gesetzliche Vorgabe, die die Bildung von Rücklagen, im Zweifel bis zur Höhe von 25.000 € vorschreibt. Dann wandelt sich die UG mit allen Konsequenzen in eine GmbH um.

Es gibt natürlich noch einige mehrere Rechtsformen, aber hier seien die erwähnt, die für Sie als Hundetrainer in der ersten – aber auch späteren Zeit – die gängigsten Formen sein werden.

Die Existenzgründung

Nun wollen wir Ihnen ein paar Hilfestellungen zur beruflichen Perspektive als Hundetrainer geben.

Gründertypen – Wer sind Sie eigentlich?

Nach unserer Erfahrung gibt es zwei unterschiedliche Gründertypen, die sich natürlich weiter unterteilen lassen. Es handelt sich im Groben um den „abgesicherten Starter" und den „Vollerwerbler".

Der abgesicherte Starter arbeitet und startet, wie der Name schon sagt, abgesichert. Entweder kann er sich auf einen gutverdienenden Partner mit gesichertem Einkommen verlassen oder er verfügt selbst über genügend Geld. Meist möchte er mit der Tätigkeit als Hundetrainer „nur" etwas Geld hinzuverdienen, dabei aber auch Sinn in seiner Tätigkeit sehen und eben gerne mit Hunden arbeiten. Außerdem könnte es sein, dass er in einem festen Angestelltenverhältnis steht und

- momentan nicht auf dieses sichere Einkommen verzichten kann oder will,

- eine Kündigung zurzeit unmöglich ist,

- durch den Nebenerwerb erst Praxiserfahrungen sammeln möchte, bevor ein Haupterwerb daraus werden soll.

In der Zukunft stehen ihm verschiedene Möglichkeiten offen.

Er kann

- weiterhin ein paar Stunden in der Woche als Hundetrainer arbeiten,

- in den Vollerwerb gehen und damit so viel Geld verdienen, um sich und seine Familie zu ernähren,

- sehen, ob und wie sich die Sache entwickelt und schauen, was kommt.

Egal, wie es in der Zukunft einmal aussehen wird, jetzt verdient er zu wenig Geld, um davon leben zu können. Meistens hat er ein Gewerbe angemeldet und arbeitet nach der Kleingewerberegelung. Er verdient durchschnittlich 400 bis 600 € im Monat dazu.

Dagegen hat sich der Vollerwerbler entschieden, durch selbstständige Arbeit als Hundetrainer dauerhaft und hauptberuflich sein Geld zu verdienen und damit sowohl seinen Lebensunterhalt als auch die Unternehmenskosten zu erwirtschaften. Das heißt, er übt keine andere Tätigkeit im Angestelltenverhältnis aus und arbeitet meist mehr als 40 Stunden in der Woche.

Überlegen Sie gut, zu welchem Gründertyp Sie gehören. Es ist wichtig, dass Sie keine Bauchschmerzen haben. Diese können aber schnell entstehen, wenn man ins kalte Wasser springt und von jetzt auf gleich in den Vollerwerb über geht – ohne anderweitig finanziell abgesichert zu sein. Auch, wenn Ihr großes Ziel der Vollerwerb ist, können Sie dies langsam aufbauen, indem Sie erst einmal abgesichert sind und keine schlaflosen Nächte haben müssen. Dies hat überhaupt nichts mit Ihrem Talent als Hundetrainer zu tun. Es spielen auch viele Faktoren eine Rolle, wie:

Sie sind ein guter Hundetrainer – aber auch Geschäftsmann oder -frau? Geben Sie sich gerne wieder eine (ehrliche) Schulnote.

Der Verkauf von Kursen und Einzelstunden verläuft zyklisch. In den Sommerferien (... und diese sind lang) finden meist weniger Kurse statt. Im Winter, zu Weihnachten und über das Jahr hinweg auch. Das muss in den Zeiten dazwischen aufgefangen werden. Machen Sie sich bewusst, dass es in den ersten zwei bis drei Jahren auch mal holprig werden kann. Sicher, wie heißt es so schön: Wenn es holprig wird, steigt man nicht aus, sondern schnallt sich an – aber überprüfen Sie Ihre persönlichen Kapazitäten dazu und hinterfragen sicher, ob das sinnvoll für Sie ist.

Horchen Sie in sich hinein und überlegen, was bei Ihnen ein gutes Bauchgefühl auslöst, bei dem Sie sich sicher fühlen. Auch dies können Sie in Ruhe mit guten Freunden oder einem Coach besprechen.

Sprechen Sie mit Ihrem Arbeitgeber

Wenn Sie sich in einer Festanstellung befinden, sind Sie verpflichtet, Ihren Arbeitgeber über Ihre nebenberufliche Selbständigkeit zu informieren. Meistens ist das auch recht formlos. Der Arbeitgeber weist daraufhin, dass Ihre Arbeitsleistung in Ihrem Hauptberuf natürlich nicht aufgrund Ihrer neuen (… und viel schöneren) Tätigkeit in Ihrer Hundeschule leiden darf. Das macht ja auch Sinn. Auch dürfen Sie kein Konkurrenzunternehmen gründen. Das sollten Sie beachten. Schauen Sie Ihren Arbeitsvertrag durch. Dort finden Sie – je nach Vertrag – auch weiterführende Informationen, wie die Regelungen zwischen Ihnen und Ihrer Firma sind, in der Sie tätig sind.

Die ersten Spatenstiche in der Existenzgründung

Jeder Existenzgründung sollte eine gute Geschäftsidee vorausgehen. Als Hundetrainer liegt die ja klar auf der Hand. Sie wollen Hundehalter und deren Hunde glücklich und zufrieden machen. Eine tolle Entscheidung von Ihnen, die auch sinnerfüllt ist und Sie – als auch Ihre Hund-Mensch-Teams ausfüllen wird. Aber das alleine reicht leider nicht aus.

Um erfolgreich ein Unternehmen zu führen, bilden zwar die fachlichen Kenntnisse die Grundlage dieses Unterfangens. Mit einer abgeschlossenen Ausbildung zum Hundetrainer sind diese Voraussetzungen aber nur teilweise erfüllt. Natürlich müssen Sie die nötigen Gesetze kennen, sich mit Buchhaltung auseinandersetzen, das Marketing muss angekurbelt werden und Sie sind als „Mädchen für alles" gefragt und schon kann es gefühlt ein wenig hektisch werden.

Also kümmern wir uns um die nächsten Schritte: Sie benötigen ein handfestes Konzept!

Bei allem was Sie tun, achten Sie darauf, dass Sie Ihre Freiheit, Kreativität und Flexibilität behalten – diese drei Punkte werden Ihr Motor sein, also Ihre Bereitschaft, Ihren Betrieb vollenden zu wollen.

Gründungsphasen – Ein Überblick für Sie!

Sie werden im Laufe Ihrer Existenzgründung verschiedene Phasen durchlaufen. Diese haben wir für Sie übersichtlich aufgeteilt, sodass Sie im Laufe der Zeit immer einsehen können, in welcher Phase Sie gerade „stecken". Es gibt Ihnen die Möglichkeit, sich zu orientieren, denn im Laufe jeder Selbständigkeit hält man immer mal inne und hinterfragt seine Hundeschule, sich selbst und gerät auch vielleicht mal ins Zweifeln. Anhand der Übersicht können Sie schnell erkennen, wo Sie stehen und ansetzen können, um weiterhin durchstarten zu können.

Die Übersicht im Kasten auf den folgenden Seiten können Sie sich auch kopieren und in Ihr Büro hängen. Im Weiteren erklären wir die wichtigsten dieser Phasen und die To-do's genauer, sodass Sie für Ihr Vorhaben Schritt für Schritt geführt werden.

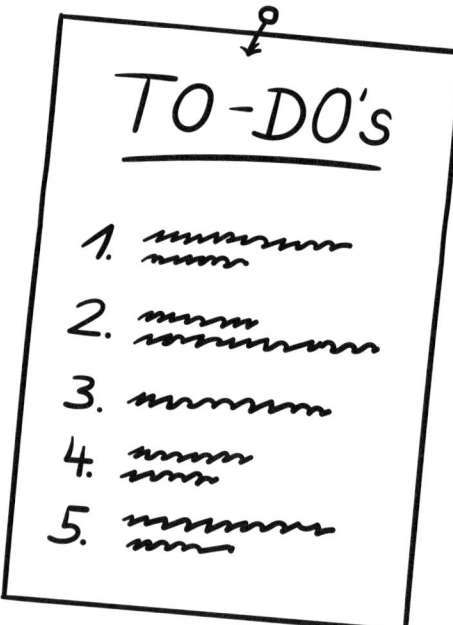

Legen Sie Ihre persönliche Messlatte nicht zu hoch! Das stresst Sie nur unnötig. Ihr Betrieb wird mit Ihnen gemeinsam wachsen. Er wird nicht erbaut und ist dann fertig. Tauschen Sie sich mit anderen Gründern oder Unternehmern aus. Jeder hat seine Geschichte und jeder ist auch schon irgendwie mal hingefallen. Schauen Sie, dass Sie immer die Motivation halten können, wieder aufzustehen.

Phase 1: Ihre Ideenphase & Ihr Grobkonzept

Die Ideenphase dient der groben Strukturierung Ihrer Gründungsidee. Hier sollte eine grobe Erfassung von

1. Ihrer Idee
2. dem Nutzen Ihrer Idee
3. der Preise
4. der Zielgruppe
5. und dem Standort

erfolgen.

Phase 2: Ihre Planungsphase & Ihr Feinkonzept

Die Planungsphase dient der genauen Darstellung zum Ablauf der Gründung aufgrund verlässlicher Informationsquellen. Während die erste Phase der emotionale Impuls für Ihre Selbständigkeit ist, beschäftigen Sie sich jetzt mit Zahlen und Fakten, die mit Ihrer Ideenphase verglichen werden. In die Planungsphase fallen unter anderem auch

- Businessplan – mit einer ausführlichen Beschreibung legen wir gleich nach der Übersicht los.

- Finanzplanung – Hierzu finden Sie Infos im Businessplan auf S. 35.

- Marketingplanung – Kapitel 3 beschäftigt sich ausführlich mit Ihren möglichen Marketingstrategien

- Standortplanung – s. S. 52

- Personalplanung – Kapitel 2 beinhaltet Steuern und Buchhaltung und schneidet auch das Thema Personalwesen an.

- Marktanalyse – Dies folgt im weiteren Verlauf

Phase 3: Ihre Startphase (Umsetzung) & Ihre Existenzgründung
Der Schritt der Existenzgründung beinhaltet jetzt die Umsetzung aller geplanten Maßnahmen und kann bis zu einem Jahr dauern. Dazu gehören:

1. Kündigung beim alten Arbeitgeber, wenn gewünscht
2. Gewerbeanmeldung, s. S. 17
3. Eventuell Antrag für einen Gründerkredit und staatliche Fördermittel
4. Erstellung von Werbemitteln

> Die Startphase für die Kunden beginnt zum Beispiel mit einem Tag der offenen Tür, meistens innerhalb der ersten drei Monate.

Marketing – siehe Kapitel Marketing

Phase 4: Ihre Stabilisierungsphase
Wenn die Startphase von circa einem Jahr abgeschlossen ist, gilt es, sich innerhalb der nächsten drei bis vier Jahre zu stabilisieren. Hierzu gehören:

1. der Aufbau eines Kundenstamms
2. dauerhafte und regelmäßige Auftragseingänge und deren Abarbeitung
3. Anpassung und Optimierung
   - der Ablaufprozesse
   - der Marketinginstrumente
   - der Unternehmensziele
   - der Produkte und Dienstleistungen

Phase 5: Ihre Entwicklungsphase = Neuorientierung und Weiterentwicklung ab dem etwa fünften Jahr
Mittlerweile sollte sich Ihr Unternehmen gefestigt haben, es gibt einen festen Kundenstamm und hoffentlich viele tolle Aufträge durch Ihre Kunden. Der Alltag und die Routine bestimmen Ihr Geschäft. Vielfach erfolgen nun eine Neuorientierung und Weiterentwicklung Ihrerseits. Sie haben neue Ideen, die folgendermaßen aussehen könnten:

- Neue Produkte und Ablaufmodelle werden eingeführt

- Erweiterungsinvestitionen getätigt

- Mitarbeiter werden benötigt

Ihre Hundeschule ist bekannt und hat sich etabliert. Erfahrungswerte für alle Bereiche des Unternehmens (Umsätze, Liquidität, Finanzierung, Umgang mit Kursen und Kunden) liegen vor und werden für den Unternehmer besser steuerbar. Die finanzielle Stabilität und Ertragskraft ermöglichen Kredite und somit neue Möglichkeiten.

Nun wird es aber praktischer und Zeit für Zettel und Stift, denn jetzt beantworten Sie folgende Fragen für sich und Ihr Unternehmen, um in ganz unterschiedliche Richtungen zu recherchieren und Informationen zu sammeln. Es lohnt sich, folgende Fragen ganz am Anfang zu stellen und realistisch zu beantworten:

Ihre To-do's für Phase 1

... Ihre Idee:
Halten Sie schriftlich fest, was Sie mit Ihrer Tätigkeit als Hundetrainer bezwecken wollen. Für Sie und für Ihre Kunden. Beantworten Sie dazu folgende Fragen:

- Warum möchte ich als Hundetrainer arbeiten?

- Was möchte ich bezwecken?

- Was löst Freude bei mir aus?

... dem Nutzen Ihrer Idee:
- Wem helfe ich mit meiner Idee?

- Wie genau profitiert mein Kunde von meiner Dienstleistung?

- Wer hat langfristig etwas von meiner Idee?

... der Preis
- Wie viel Geld möchte ich für meine Dienstleistung nehmen?

Schreiben Sie hier erst einmal Ihre „Bauchgefühl-Zahl" auf. Was würden Sie gerne nehmen? Wie viel sind Sie sich wert? Keine Sorge, wir lassen Sie bei diesem Thema nicht allein. Im späteren Verlauf des Buches kommen wir noch ausführlich zum Thema Preis- und Stundenkalkulation. Dort erfahren Sie, was Sie wirtschaftlich bei Ihrer Gestaltung beachten müssen. Das können Sie dann mit Ihrer Bauchgefühl-Zahl vergleichen. Informationen zur Preiskalkulation finden Sie im späteren Verlauf dieses Buches natürlich auch noch.

... meine Zielgruppe
- Wer soll mein Kunde werden?

- Wie soll die Kommunikation/ Zusammenarbeit mit meinen Kunden aussehen?

- Was kann und will ich meinen Kunden bieten?

... mein Standort
- Bin ich mobil unterwegs oder habe ich Praxisräume und/ oder einen Hundeplatz?

- Bin ich flexibel und mische beides?

Im weiteren Verlauf erfahren Sie zum Thema Standortanalyse noch wichtige Tipps.

Schreiben Sie Ihre Gedanken dazu unbedingt auf. Wenn Sie kreativ sind, nutzen Sie Mindmaps oder skizzieren Sie Ihre Gedanken und versehen diese mit einem Datum. Ziele und Ideen dürfen – und werden – sich im Laufe der Zeit verändern. Wichtig

Formulieren Sie alle Antworten aus Ihrem persönlichen Fragebogen positiv. So kann Ihr Gehirn auch gleich „gut gelaunt" diese Ziele annehmen und sie zu Bildern werden lassen. Das Erreichen dieser Ziele wird dadurch noch realistischer.

ist aber, dass Sie sich immer orientieren können. Manchmal stellt sich heraus, dass man alle Weichen für die Struktur gestellt hat, es aber vielleicht doch keinen Spaß macht. Überprüfen Sie, was Ihnen nicht gefällt oder Sie sich anders vorgestellt haben – führen Sie eine Kurskorrektur durch und weiter geht es. Stressen Sie sich nicht. Kurskorrekturen gehören ab jetzt mit dazu. Lernen Sie daraus und lassen Sie dies zu.

Ihre To-Do's für Phase 2

Der wichtigste Meilenstein am Ende der Planungsphase ist die Erkenntnis, dass die Tragfähigkeit Ihres Geschäftskonzepts gegeben ist. Diese Phase kann bis zu sechs Monate in Anspruch nehmen. Teilen Sie sich immer Zeiten in Ihrem Kalender ein, um an diesem Projekt zu arbeiten. Machen Sie alles Schritt für Schritt. Finden Sie Ihre Balance – es muss im Bauch kribbeln, aber der Verstand muss sich auch gut fühlen.

Gerade am Anfang ist man sehr motiviert und manche Schritte dauern einem einfach zu lange. Das Gefühl kennen wir auch – im Nachhinein können wir aber sagen, dass die Erfahrung zeigte, dass sich die langfristigen Planungen und damit auch stressfreieren Umsetzungen immer besser anfühlten und auch weniger „Kinderkrankheiten" auftraten, die wir zuvor vielleicht nicht bedacht hatten, weil es eben schneller gehen sollte. Legen wir mit Ihrem Businessplan los!

Ihr Businessplan

Wer den Schritt in die Selbstständigkeit wagen und dazu einen Kredit beantragen möchte, der braucht einen guten Businessplan. Dieser muss bestimmte Anforderungen erfüllen. Er dient der Beantragung von Fördergeldern und ist eben auch für eine Kreditanfrage unabdingbar. Er sollte unbedingt vollständig und professionell ausgearbeitet sein, um als Sprungbrett Ihrer Existenzgründung zu dienen. Banken und Förderer interessiert primär eben nicht Ihr Fachwissen, sondern Ihre wirtschaftlichen Kompetenzen. Also das, worum sich Hundetrainer meist gar nicht so gerne kümmern. Wir arbeiten halt lieber mit Hunden.

Mit einem guten Businessplan können sich Geldgeber einen Überblick zu Ihrer Strategie Ihres künftigen Unternehmers verschaffen und einschätzen, wie intensiv Sie

Zahlen und Daten

Angehende Hundetrainer empfinden es beim Erstellen eines Businessplanes als besonders schwierig, konkrete Zahlen und Daten zu verwenden. Wie viele Kunden werde ich pro Woche haben? Wie viel kostet Erstellung und Vertrieb von Werbematerial? Wie hoch sind meine Einnahmen im Dezember? Wie viele Urlaubstage werde ich im zweiten Jahr anrechnen?

Weil Berufsanfängern hier die Erfahrung fehlt, wird oft versucht, einen Businessplan eines anderen zu kopieren und die Angaben zu übernehmen. Hiervon möchten wir unbedingt abraten! Nur ein eigener Businessplan führt zu realistischen Einschätzungen und zur finanziellen Sicherheit. Und Sie haben automatisch schon einen ersten tollen

Lerneffekt, da Sie sich mit Ihren Zahlen aus Ihrem Betrieb beschäftigen. Sie merken schnell, ob das hinkommt oder welche Stellschraube Sie verändern müssen. Deshalb holen Sie sich Infos von erfahrenen Kollegen und treten Sie einer Gruppe bei, die sich online trifft und unter Anleitung Informationen austauscht. Für unsere eigenen Teilnehmer haben wir dafür zum Beispiel unsere Z&F - my Startup Mitgliedschaft.

„Sorgfältig und ehrlich betrieben, zwingt einen das Verfassen des Businessplans zu diszipliniertem Nachdenken. Eine Idee, die einem gerade noch glänzend erschien, mag bei näherer Betrachtung der Details und Zahlen plötzlich völlig unspektakulär wirken."
Eugene Kleiner (1923-2003) US-amerikanischer Risikokapitalgeber

Ihre Geschäftsidee vorbereitet haben und mit welchem Konzept Sie den Markt erobern wollen. Der Businessplan sollte alle Bereiche der Existenzgründung erfassen. Ein weiterer Vorteil für Sie: Ganz nebenbei dient er somit der sorgfältigen Vorbereitung des Vorhabens.

Was sollte Ihr guter Businessplan enthalten?

Wie jede gute Facharbeit sollte auch ein Businessplan eine gewisse Form einhalten. Deshalb gehört auf jeden Fall ein Deckblatt dazu. Auch das Inhaltsverzeichnis und Ihre

persönlichen Angaben sowie eine kurze prägnante Zusammenfassung des Konzeptes dürfen nicht fehlen.

Zur Darlegung der Geschäftsidee wird eine Produkt- beziehungsweise Dienstleistungsbeschreibung benötigt. Dabei sollten Marktsituation und Wettbewerbsfähigkeit hervorgehoben werden. Wie soll das Unternehmen geführt werden? Welche Rechtsform wird angestrebt? Die Darstellung der entwickelten Marketing-Strategie und ein ausführlicher Finanzplan geben wertvolle Informationen für die Empfänger. Preise, Standort und Personalbedarf sind weitere Details des Businessplanes.

Lassen Sie nicht nur Freunde über Ihren Businessplan schauen, sondern formatieren Sie diesen auch mit einem Profi und geben Ihren Plan in ein Lektorat, bevor Sie den Businessplan final einreichen.

So sollte ein guter Businessplan sein, also ähnlich einer innovativen Bewerbung:

- vollständige Daten, klar und verständlich geschrieben – verzichten Sie auf Fachchinesisch

- schreiben Sie lebendig – zeigen Sie, dass Sie an Ihr Unternehmen und Ihre Visionen glauben

- seien Sie immer auf dem neuesten Stand – Ihr Businessplan sollte aktuell, einheitlich und nachvollziehbar sein

- stellen Sie Zusammenhänge dar

- erreichen Sie eine Mindestseitenzahl

- stellen Sie Inhalte fundiert und nachweisbar dar

Werden diese Merkmale eingehalten, sollten mögliche Geldgeber und Geschäftspartner von der Idee zu überzeugen sein.

Sie wünschen sich Hilfe dabei? Auch das ist ein guter Schritt. Im Hundebereich gibt es mittlerweile auch einige Existenzgründerhelfer, die sich auf Hundetrainer spezialisiert haben. Benötigen Sie Hilfe bei der Suche, sind wir Ihnen gerne behilflich oder schauen Sie im Serviceteil nach.

Nun wird es wieder Zeit, dass Sie sich Ihrer nächsten Aufgabe stellen:

Das folgende Muster soll Ihnen eine Orientierung für Ihren Businessplan geben – passen Sie unser Muster an Ihre Vorstellung an und erstellen Sie Ihren Business-Plan!

Businessplan zur Gründung einer Hundeschule:

Mia Musterfrau
Blumenstaße 1
44444 Musterhausen

Telefon: 0001 454545
Funk: 0001 45454545
Mail: mia.musterfrau@mail.xx

Aufbau Businessplan
I. Auf einen Blick

1. *Geschäftsidee*

2. *Gründerprofil*
   - 2.1. Fachliche und persönliche Voraussetzungen
   - 2.2. Branchenerfahrungen
   - 2.3. ... (eigene weiterführende Untergliederungen)

3. *Markteinschätzung*
   - 3.1. Marktpozential
   - 3.2. Zielgruppe
   - 3.3. ... (eigene weiterführende Untergliederungen)

4. *Wettbewerbssituation*
   - 4.1. Konkurrentenanalyse
   - 4.2. Stärken- und Schwächenanalyse
   - 4.3. ... (eigene weiterführende Untergliederungen)

5. *Standort*

6. *Unternehmensorganisations- und Personalmanagement*
   - 6.1. Rechtsformwahl
   - 6.2. Aufgabenorganisation (Organigramm)
   - 6.3. Ablauforganisation
   - 6.4. Personalstruktur

7. *Risikoanalyse*

8. *Finanzwirtschaftliche Planungen*
   - 8.1. Kapitalbedarfsplanung
   - 8.2. Umsatz-und Rentabilitätsvorschau
   - 8.3. Liquiditätsplan

II. Anhang

Schauen wir uns diese Punkte nun im Einzelnen an:

Hier stellen Sie Ihr Geschäftskonzept kurz, interessant und einprägsam vor. Gerade bei Kapitalgebern und möglichen Geschäftspartnern sollte diese Zusammenfassung Eindruck hinterlassen und Neugier wecken. Auf ein bis zwei Seiten werden Informationen zu den Produkten beziehungsweise Dienstleistungen geboten. Eine kurze Markteinschätzung und die Strategie, mit der dieser erobert werden soll, geben weitere Einblicke in das Geschäftskonzept. Natürlich muss hier auch schon auf den Finanzplan eingegangen werden. Das Executive Summary (diese Zusammenfassung) sollte möglichst interessant und präzise formuliert sein. Geldgeber müssen nicht zwangsläufig aus der Branche sein und wollen daher nicht mit unnützen Fachausdrücken gequält werden. Nur wenn diese Zusammenfassung anspricht, besteht die Hoffnung, dass auch der Rest des Businessplanes mit Interesse gelesen wird. Bedenken Sie, dass Zeit Geld ist. Bringen Sie Ihre Zusammenfassung attraktiv auf den Punkt. Gleich hierzu eine Empfehlung: Die Zusammenfassung steht zwar am Anfang, sie lässt sich aber leichter schreiben, wenn der Rest des Businessplans bereits fertig ist. So können Sie alles leichter auf den Punkt bringen, was auch wirklich in Ihrem Businessplan erarbeitet wurde.

1. Geschäftsidee

1.1. Was ist Ihre Geschäftsidee? (Produkt, Dienstleistung, Innovation?)

1.2. Welche Beweggründe haben Sie, sich selbständig zu machen beziehungsweise Ihre Idee zu verwirklichen? (Welche persönlichen und fachlichen Faktoren sprechen dafür?)

1.3. Welchen Nutzen hat Ihr Angebot?

1.4. Warum sollte jemand Ihr Produkt/Ihre Dienstleistung kaufen beziehungsweise welches Problem löst Ihr Produkt/Ihre Dienstleistung für den Kunden?

1.5. Welche Ziele haben Sie sich für Ihr Unternehmen gesetzt und wie wollen Sie diese erreichen? (Qualitätsziele, Serviceziele, Wachstumsziele)

2. Gründerprofil

2.1. Welche kaufmännischen Qualifikationen haben Sie?

2.2. Welche Branchenerfahrungen haben Sie?

2.3. Waren Sie schon einmal selbständig tätig und wenn ja, in welcher Branche?

2.4. Welche Kontakte/Referenzen haben Sie?

2.5. Welche Aufgabe(n) übernehmen Sie im Unternehmen?

3. Markteinschätzung

3.1. Wie groß ist das Marktvolumen für Ihre Dienstleistung/Ihr Produkt?

3.2. Welche Kunden sprechen Sie an? (Klein- oder Großkunden/Privatkunden oder Geschäftskunden/Altersgruppe, Einkommensgruppe etc.)

3.3. Wie und mit welchen Maßnahmen gehen Sie auf die Bedürfnisse Ihrer Kunden ein?

3.4. Welche Kosten veranschlagen Sie für Ihre Marketingaktivitäten?

3.5. Inwieweit können Sie bereits vorhandene Kundenkontakte nutzen?

3.6. Für welche Strategie (eher Preis- oder Serviceorientierung) entscheiden Sie sich?

4. Wettbewerbssituation

4.1. Sind Ihre Mitbewerber eher einige große oder viele kleine Unternehmen oder haben Sie keine?

4.2. Wo haben Ihre Mitbewerber Schwächen, wenn Sie es aus Sicht eines Kunden beurteilen sollten?

4.3. Was sind die Stärken Ihres Unternehmens beziehungsweise wie heben Sie sich von Ihren Mitbewerbern ab? (Zusatznutzen)

4.4. Wie würden Sie die weitere Entwicklung der Marktsituation einschätzen? (Trendprognose)

5. Standort

5.1. Wie bedeutend ist die Frage der Standortwahl für Ihr Unternehmen/ Ihre Branche?

5.2. Welche Voraussetzungen sollte der ideale Standort mit sich bringen, z.B. in Bezug auf Kunden-/Lieferanten-Nähe; Verkehrsanbindung; Mietpreisniveau; Objektgröße und -zustand; Umfeld?

6. Unternehmensorganisations- und Personalmanagement

6.1. In welcher Rechtsform soll Ihr Unternehmen geführt werden und sind Genehmigungen erforderlich?

6.2. Wie ist die Aufgabenverteilung im Unternehmen geregelt?

6.3. Wie organisieren Sie Ihren Produktions- bzw. Dienstleistungsprozess?

6.4. Wie wollen Sie Ihre Personalstruktur gestalten? Anzahl; Art (Festangestellte, freie Mitarbeiter, Aushilfen); Gehälter

7. Risikoanalyse

Welche gravierenden Probleme könnten auftreten und welche Lösungen würden Sie für geeignet halten? (Kunden bleiben aus, Auftreten von Nachahmern, Erstarkung der Mitbewerbern, Mangel an qualifizierten Mitarbeitern, zu schnelles Unternehmenswachstum, Forderungsausfälle etc.)

8. Finanzwirtschaftliche Planungen

Kommen wir nun zur finanzwirtschaftlichen Planung Ihres Unternehmens. Sie müssen nun drei Punkte vorweisen:

8.1. Kapitalbedarfsplanung

8.2. Umsatz-und Rentabilitätsvorschau

8.3. Liquiditätsplan

Kapitalbedarfsplanung:

Ohne Moos nix los – und aus diesem Grund benötigen Sie einen Kapitalbedarfsplan, da Sie in Ihr Unternehmen investieren müssen. Sei es Pacht, Werbung, Materialien und so weiter. Es ist jedoch nicht sinnvoll einfach drauflos zu investieren, sondern Sie sollten von Anfang an überschauen können, zu welchem Zeitpunkt Sie sich welche Investition leisten können. Sollten Sie das große Glück haben und Erspartes besitzen, so sollten Sie dennoch einen Kapitalbedarfsplan machen, um dieses Geld gezielt zu nutzen, um den Überblick zu erhalten. Ihr Geld sollte möglichst nicht ausgehen, ansonsten sind Sie auf Fördergelder angewiesen, diese sollten jedoch nur VOR der Gründung, beziehungsweise einer geplanten Investition erfolgen.

> *Kalkulieren Sie nicht zu knapp. Ihr Unternehmen wird von vielen Faktoren beeinflusst, die Sie im Vorfeld nicht einplanen. So kann es sein, dass Ihnen auf halber Strecke die Luft ausgeht, das sollten Sie vermeiden!*

Um den Kapitalbedarf übersichtlich zu gestalten, teilen Sie Ihren Bedarf thematisch auf:

1. Welches Kapital benötigen Sie für Ihre formale Gründung?

   Stellen Sie das Kapital zusammen, das Sie für Ihre Gründung benötigen. Darunter fallen Kosten für Beratungen, wie etwa beim Steuerberater oder Notar, städtische Gebühren wie beim Gewerbeamt und so weiter.

2. Welches Kapital benötigen Sie für Ihre erste Zeit, also Ihre betriebliche Anlaufphase?

   Zu Beginn haben Sie andere Investitionen zu tätigen als im Laufe Ihrer Trainerkarriere. Überlegen Sie daher, was Sie zu Beginn benötigen. Planen Sie das Kapital für sechs bis acht Monate. Solange wird es dauern, um Ihre Hundeschule startklar zu machen. Um auch hier den Überblick zu behalten, empfehlen wir eine Unterteilung des Anlagevermögens in der Anlaufphase: Darunter fallen zum Beispiel Ihr Hundeplatz samt Gebäude, Schulungsräume, ein Firmenwagen und auch Ihre Büroeinrichtung. Planen Sie auch schon das sogenannte Umlaufvermögen ein. Das sind die Ausgaben, die Sie tätigen müssen, wenn Sie Waren, Vertrieb, Mitarbeiter und so weiter haben. Eine tolle Liste zur Übersicht finden Sie hier vom Bundesministerium für Wirtschaft und Energie: *https://www.existenzgruender.de/ SharedDocs/Downloads/DE/Checklisten-Uebersichten/Businessplan/04_ check-Kapitalbedarfsplan.pdf?__ blob=publicationFile*

Legen Sie sich einen Jahresplan zurecht und tragen Sie ein, für was Sie kurz-, mittel- und langfristig an Geldern benötigen. Dann können Sie leichter die monatliche Belastung berechnen und bekommen einen Überblick über Ihr nötiges Kapital.

Oft kommt nun das erste Mal ein mulmiges Gefühl – es kommt eine Menge Kapital zusammen. Lassen Sie sich dadurch nicht entmutigen, sondern überlegen Sie direkt mit dem nächsten Atemzug, wo Sie Einsparungen machen können:

- **Möbel** – Die Möbel Ihrer Hundeschule müssen nicht zwingend neu gekauft werden. Es gibt tolle gebrauchte Angebote, etwa in Online-Börsen. Achten Sie darauf, eine Balance finden. Ihre Hundeschule sollte professionell und gepflegt wirken, daher unterscheiden Sie immer zwischen gepflegt und gebraucht und ungepflegt und gebraucht. Kunden werden nicht nur Ihre Fachkenntnisse beurteilen, sondern auch das äußere Erscheinungsbild Ihrer Hundeschule.

- **Auto** – Sie müssen nicht gleich ein Auto kaufen, sondern können es leasen oder auch mieten – je nach Standort.

- **Ressourcen schonen** – Schauen Sie von Anfang an, wie Sie ressourcenschonend Ihren Betrieb führen können.

- **Echt jetzt?** – Prüfen Sie auch jedes Mal, ob die geplante Anschaffung JETZT sein muss oder vielleicht doch noch zwei Monate warten kann. Oft steckt ein Impuls dahinter, dass wir genau jetzt eine Anschaffung machen wollen. Überprüfen Sie diesen Impuls anschließend rational.

3. Welches Kapital benötigen Sie zur Absicherung Ihres Lebensunterhaltes?

Nun kramen Sie Ihre alten Zettel hervor. Wie viel müssen Sie verdienen, um Ihr finanzielles Ziel zu erreichen, das Ihre privaten Ausgaben trägt? Wollen Sie zum Beispiel 500 € dazuverdienen oder geht es darum, die vierköpfige Familie mit Kater, Hund und Co. zu versorgen? Listen Sie Ihre monatlichen Fixkosten, also die festen Ausgaben auf. Das sind die Beträge, die Sie immer gedeckt haben sollten. Planen Sie auch einen Puffer – Reparaturen von Autos und so weiter kommen leider meist immer „ganz plötzlich" – für unvorhergesehene Dinge ein. Auch hier sollte lieber großzügig kalkuliert werden. Übrigens wirkt es für Banken auch meist eher „realitätsfremd", wenn Ihre Kalkulation zu knapp bemessen ist. Erstellen Sie Ihren Kapitalbedarf so, dass Sie ruhig schlafen können.

Die Berechnungen Ihrer privaten Ausgaben sind deshalb so wichtig, da Sie die Grundlage Ihres Gehaltes sind, dass Sie sich auszahlen wollen (vgl. Kapitel 2 Steuern und Buchhaltung). Wie Sie Ihren Unternehmerlohn anhand einer Checkliste berechnen können, zeigt auch wieder das Bundesministerium für Wirtschaft und Energie unter: *https://www.existenzgruender.de/ SharedDocs/Downloads/DE/Checklisten-Uebersichten/Businessplan/03_check-Unternehmerlohn-ermitteln.pdf?__ blob=publicationFile*

Nachdem Sie die oben genannten Punkte berechnet haben, können Sie nun in Ihrem Businessplan aufzeigen, wie Sie diesen Kapitalbedarf finanzieren wollen. Wie machen andere denn so etwas?

Zur formalen Gründung einer Hundeschule wird in der Finanzierung wild gemischt. Vorhandenes Eigenkapital wird genutzt, Fördergelder wurden beantragt oder auch werden Vorhaben das eine oder andere Mal durch Bankkredite finanziert. Letzteres ist meist der Fall, wenn man in ein Gebäude, einen Resthof, eine passende Immobilie und so weiter investieren möchte und gleich größer anfangen möchte. Unterschätzen Sie die aufkommenden Zinsen und Tilgungen nicht – auch diese müssen in Ihrem Finanzierungsplan vorkommen.

Ihre privaten und betrieblichen Ausgaben müssen Sie dauerhaft über Ihr Unternehmen stemmen. Die spannende Frage ist: Können Sie das? Das verrät Ihnen Ihre Rentabilitätsvorschau, die wir im nächsten Schritt mit Ihnen erarbeiten möchten.

Apropos Finanzierungsplan – was ist denn das überhaupt?

Sie sollten jährlich einen Finanzplan erstellen. Dieser zeigt Ihnen auf, ob Ihre zu erwartenden Ziele realistisch sind. In der Gründungsphase haben Sie natürlich noch keine Vergleichswerte Ihrer Erfahrungen. Dennoch können Sie aufgrund vorhandener Kalkulationen prüfen, ob Ihre Erwartungen realistisch sind. Einen Finanzplan können Sie erst erstellen, wenn Sie wissen, was Sie finanzieren möchten – also, wie sind Ihre Ziele? Möchten Sie in einem bestimmten Bereich wachsen? Planen Sie, eine Zweigstelle zu eröffnen? Der Finanzplan wird auch oft Wirtschaftsplan genannt, denn Ihre Wirtschaftlichkeit steht in Beziehung zu Ihrem Finanzplan. Fassen Sie also die bereits vorliegenden Daten und Kalkulationen für einen von Ihnen festgesetzten Zeitraum zusammen. Machen Sie das jährlich, können Sie zum Ende des Jahres aufgrund Ihres Jahresabschlusses direkt erkennen, ob Ihr Finanzplan aufging oder Sie nachjustieren müssen.

Es gibt kein rechtlich vorgeschriebenes Formular für Ihren Finanzplan. Wenn Sie sich umhören, werden Sie aber auf folgende Punkte regelmäßig stoßen, wenn es um Ihren Finanzplan geht:

- *Vorbericht*
- *Planung der Gewinn-und Verlustabrechnung (GuV)*
- *Planbilanz*
- *Kapitalflussrechnung*
- *Investitionsplan*
- *Stellenplan*

Um einen dauerhaften Überblick über Ihre Finanzen zu haben und auch für mögliche Zahlungsengpässe und so weiter gewappnet zu sein, erstellen Sie zudem bitte einen Liquiditätsplan.

8.2. Umsatz- und Rentabilitätsvorschau

Für Ihren Businessplan erstellen Sie im nächsten Schritt eine Umsatzplanung. Erstellen Sie diese nicht zu optimistisch, um der Bank zu imponieren, sondern nutzen Sie realistische Zahlen. In drei Schritten sollen Sie einen Überblick bekommen, wie Sie Ihre Umsatzwerte am besten erstellen und präsentieren können:

- Berechnen Sie Ihren Mindestumsatz

    Sie wissen ja nun, wie hoch Ihr Umsatz sein muss, um Ihre Kosten zu decken. Wie viele Stunden müssen verkauft werden, um als Hundetrainer von seiner eigenen Hundeschule leben zu können? Auch, wenn dies am Anfang noch nicht der Fall sein wird, sollten Sie den Mindestumsatz immer in Hinterkopf behalten, um an Ihrer Hundeschule zu arbeiten.

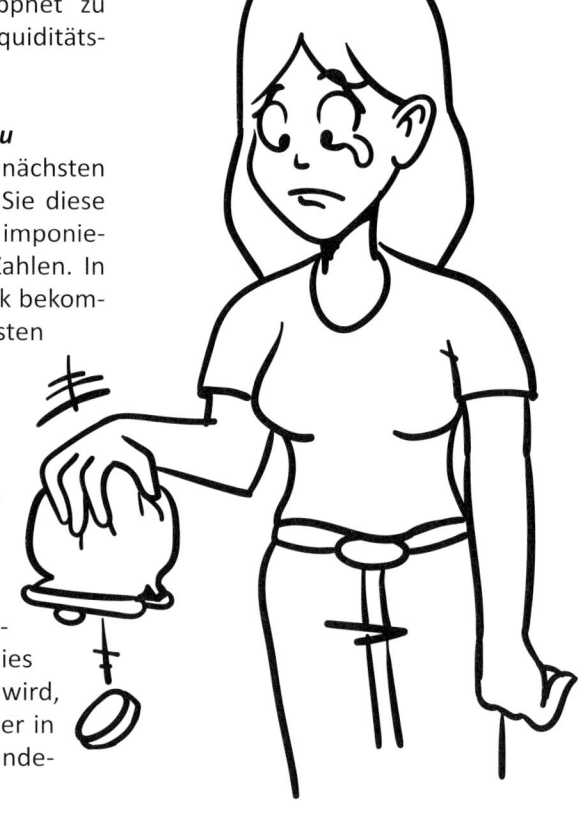

- Was macht die Branche? – Der X-Check

Prüfen Sie nun, ob Ihre angedachten Stunden auch wirklich machbar oder praktikabel sind. Sicherlich wird es nicht möglich sein, zwanzig Hunde pro Tag zu trainieren. Sie können sich mit Fachkollegen austauschen, mit Existenzgründern und der IHK sprechen. Es gibt Statistiken darüber, die helfen können, ob Ihre Einschätzung realistisch ist.

- Betreiben Sie Marktforschung

Sprechen Sie Unternehmer an, die in der Hundeszene eine ähnliche Geschäftsidee verfolgen. Das muss nicht immer gleich ein Mitbewerber sein, der direkt an der Ecke seine Hundeschule hat – da besteht oft eine Hemmung. Suchen Sie sich jemanden, der vom Standort ähnliche Voraussetzungen hat, aber weiter entfernt wohnt. Sprechen Sie zudem mit potenziellen Kunden und fragen Sie nach Wünschen, Gründe, warum eine Hundeschule besucht wird oder eher nicht. So bekommen Sie einen Eindruck über den Markt und finden heraus, ob Ihre Hundeschule auf Anklang stoßen wird. Stürzen Sie sich ins Getümmel – fragen Sie! Und nicht nur zehn Menschen, sondern wirklich viele Menschen. Anhand dessen können Umsätze angepasst werden.

Jetzt haben Sie zumindest schon einmal Zahlen, auf deren Grundlage Sie Ihre Umsätze kalkulieren können. Aber nicht zu schnell! Diese Werte sind nicht in Stein gemeißelt, sondern unterliegen Schwankungen, die Sie unbedingt erwähnen und beachten sollten:

Hundetraining ist ein zyklisches Geschäft. Diese sind saisonbedingt – im Sommer kann es zu heiß für ein Training sein, in den Ferien fahren viele in den Urlaub, Weihnachten kuschelt man sich als Hundehalter auch mal gerne ein. Dann gibt es wieder Welpen-Booms und so weiter. Finden Sie also ein Mittelmaß und betrachten Ihre Werte über das ganze Jahr hinweg.

Auch Sie möchten irgendwann in den Urlaub oder fallen aufgrund von Krankheit aus. Schnell steht man als Hundetrainer auch mal zwei Wochen ohne Umsatz dar. Planen Sie dies zeitlich ein.

Nicht alle Kunden bezahlen Ihre Trainingseinheiten – das wird immer wieder vorkommen. Halten Sie in Ihrer Planung also auch Kapazitäten für Einbußen parat.

Sollten Sie aus der Kleinunternehmerregelung starten und dann aber während eines Jahres umsatzsteuerpflichtig werden, dann müssen Sie diese auf Ihre Kurse draufschlagen. Eine derzeit 19 %ige Erhöhung ist ein hoher Batzen Geld, mit dieser Erhöhung ist nicht jeder Kunde einverstanden – diese brechen dann weg. Das kann ein finanzielles Loch für Sie bedeuten. Wählen Sie somit auch Preissteigerungen mit Bedacht. Am besten setzen Sie diese, wenn Sie nicht darauf angewiesen sind. Rabattaktionen hingegen fördern meistens den Umsatz.

Wir empfehlen, einen monatlichen Blick auf die Umsätze zu haben, auch, wenn die Umsatzvorschau für drei Jahre im Businessplan erscheinen soll.

Nun haben Sie eine gute Grundlage geschaffen, um Ihre Umsätze zu prognostizieren. Jetzt setzen wir noch einen drauf und schauen uns Ihre Rentabilitätsvorschau an. Ihr Umsatz sollte so hoch sein, dass Sie alle Kosten decken können und darüber hinaus ein Gewinn für Sie übrigbleibt.

Diese Rentabilitätsvorschau hilft Ihnen, um …

- Ihre Bank zu überzeugen, wenn Sie direkt alle Zahlen mitbringen
- zu sehen, ob sich Ihre Ideen auch wirtschaftlich lohnen
- Abweichungen schnell zu erkennen

Bei der Rentabilitätsvorschau stellen Sie den zu erwartenden Umsatz den zu erwartenden Kosten gegenüber. Wie Ihre Umsatzvorschau sollte auch die Rentabilitätsvorschau für drei Geschäftsjahre geplant werden.

Schauen Sie auch gerne wieder hier, das Bundesministerium für Wirtschaft und Energie hat auch zu diesem Thema ein Muster: *https://www.existenzgruender. de/SharedDocs/Downloads/DE/Checklisten-Uebersichten/Businessplan/05_ check-Rentabilitaetsvorschau.pdf?__ blob=publicationFile*

Ihre Aufgabe besteht nun darin, folgende Fragen für sich zu erarbeiten:

- Wie viel Geld müssen Sie investieren?

  Hier haben Sie schon gute Vorarbeit geleistet, denn Ihr Kapitalbedarfsplan teilt Ihnen dies ja mit.

- Wie viel Geld müssen Sie verdienen, um davon leben zu können?

- Wie hoch wird Ihr Umsatz sein?

  Anhand Ihrer Umsatzvorschau stellen Sie fest, wie viele Produkte oder Stunden Ihrer Dienstleistung Sie verkaufen können und müssen.

Diese Zahlenwerte tragen Sie in Ihre Rentabilitätsvorschau ein.

8.3 Der Liquiditätsplan
Damit alle Ihre Rechnungen rechtzeitig bezahlt werden können, ist eine Liquiditätsplanung unablässig. Sie dient Ihrer Sicherstellung der dauerhaften

Liquidität (Zahlungsfähigkeit) gemäß dem Leitsatz „Liquidität geht vor Rentabilität".

Vorgehensweise bei der Liquiditätsplanung

Um Ihre Liquiditätsplanung Ihrem Businessplan zuzufügen, sollten Sie eine monatliche Darstellung der Einnahmen, Ausgaben, Kontokorrentlinie (falls vorhanden) und dem Kontostand zu Beginn des Monats anfertigen. Die Liquiditätsplanung wird in der Regel für ein Jahr erstellt und sollte fortlaufend mit den aktuellen Daten gefüllt werden, um Abweichungen zeitnah zu erkennen.

Ihre Vorteile der Liquiditätsplanung:

- Sicherstellung der dauerhaften Liquidität
- Sicherstellung der Handlungsfähigkeit des Unternehmers
- Möglichkeit der Kapitalbeschaffung bei abzeichnenden Liquiditätsengpässen oder Investitionsvorhaben
- Verbesserung des eigenen Ratings bei Banken

Kontokorrentkonto – Was ist das?

Ein Konto, das nicht nur im Plus geführt werden muss, sondern auch ins Minus überzogen werden darf. Bei Privatkonten wird das auch Dispo genannt (Dispositionskredit).

Kontokorrentlinie/ Kontokorrentrahmen – Was ist das?

Der mit der Bank ausgehandelte Betrag, um wie viel das Konto ins Minus gezogen werden darf.

Beachten Sie, dass die stetige Zahlungsfähigkeit wichtiger ist als die andauernde Gewinnerzielung. Es ist völlig normal, dass es zeitliche Perioden gibt, in denen Sie mit Ihrer Hundeschule Gewinn erwirtschaften, Ihre liquiden Möglichkeiten jedoch rar sind. Das kann dadurch bedingt sein, dass Sie zuvor vielleicht größere Investitionen für die Hundeschule hatten (Rasenmähertrecker usw.) oder Ihre Kunden Ihre Rechnungen erst später begleichen. Auch ist es, gerade zu Beginn, so, dass zu Ihrer Karriere verlustreiche Zeiten auch dazugehören werden. Daher ist es so wichtig, dass Sie einen Überblick über Ihre Finanzen halten, Sie können dadurch eine Insolvenz verhindern, wenn Sie Missstände frühzeitig erkennen und daran arbeiten ...

In Ihrem Liquiditätsplan erfassen Sie alle Ein- und Auszahlungen:

Einzahlungen	*Auszahlungen*
Umsatz	Materialien
Vorsteuererstattung	Waren
Verkauf von Anlagevermögen	Mitarbeiter
Erträge aus Kapitalanlagen	Gewinnausschüttung
Privateinlagen	Umsatzsteuerzahlungen
Steuererstattung	Investitionen
Fördermittel	Kredittilgungen
Kapitalerhöhung	Privatentnahmen
Sonstiges	Steuernachzahlungen
	Sonstiges

1. Erstellen Sie Ihren Liquiditätsplan für Ihr eigenes Hundeunternehmen in wenigen Schritten:

2. Nutzen Sie ein Tabellenkalkulationsprogramm für Ihren Liqui-Plan. Erstellen Sie Ihre Ein- und Ausgaben, anhand der Tabelle von oben, sodass Sie alle Zahlen parat haben. Sie können auch mehrere Positionen zusammenfassen, wenn es Ihnen logisch erscheint.

3. Berechnen Sie Ihre liquiden Mittel zum Anfang. Addieren Sie Kassen und Konten dazu. Am Ende der Periode ermitteln Sie Ihre Liquidität, indem Sie die positiven Einzahlungen addieren und die negativen Auszahlungen entsprechend subtrahieren. Nutzen Sie die Technik, indem Sie den errechneten Wert automatisch übernehmen, nämlich als Ihren neuen Anfangsbestand der nächsten Periode.

4. Verknüpfen Sie das Programm direkt mit anderen Teilplänen – das spart Zeit

5. Kontrollieren Sie Ihren Plan mit den Ist-Daten.

6. Beobachten Sie Liquiditätsengpässe.

7. Führen Sie Ihren Plan fort!

Damit Sie effektiv mit Ihrem Liquiditätsplan arbeiten können, sollten Sie folgende Punkte beachten:

Beachten Sie alle Zahlungsziele! Überweisen Sie beispielsweise eine Rechnung erst einen Monat später, verfälscht dies Ihr Ergebnis.

Achten Sie auf Fehlerteufelchen

Seien Sie realistisch und nicht zu optimistisch – das fällt auf ...

Prüfen Sie Ihre Eingaben immer sorgfältig – Übertragungsfehler gehen schneller als gedacht.

Vernachlässigung kleiner Beträge – das kann alles mal passieren, aber Kleinvieh macht ja bekanntlich auch Mist. Tragen Sie jeden Wert in Ihren Plan ein.

II. Anhang

- ausführlicher tabellarischer Lebenslauf

- Zeugnisse

- Musterbroschüren, Flyer

- (Vor)-Verträge

Eine erste schwere Geburt liegt hinter Ihnen, aber: Sie haben Ihren Businessplan erstellt und von Anfang an Werkzeuge erstellt, die Ihnen als Hilfsmittel auf Ihrem weiteren Weg dienen werden. Klasse, erholen Sie sich ein wenig, freuen sich über diesen Meilenstein und weiter geht´s!

Die Standortanalyse

Gibt es mehrere mögliche Standorte, an denen Sie Ihre Hundeschule eröffnen möchten, muss abgewogen werden, welcher der beste ist. Häufig ist es gar nicht so einfach, einen geeigneten Laden oder Platz für die Hundeschule zu finden, da Vermieter Lärmbelästigung oder Ähnliches fürchten. Bleiben Sie aber hartnäckig und lassen sich nicht entmutigen. Wir wissen, dass die Standortsuche etwas ist, was man

sich recht einfach vorgestellt hat („Unser Bauer um die Ecke hat so eine schöne Wiese … .") und dann stellt man fest, dass es Auflagen oder gar komplette Verbote gibt. Halten Sie durch, Sie werden einen/ Ihren Standort finden!

Inserieren Sie in Kleinanzeigen, durchforsten Sie diese auch umgekehrt entsprechend nach Möglichkeiten, finden Sie Partner, mit denen man gemeinsam mieten oder pachten kann. Auch hat der einfache Aushang am Supermarkt an der Ecke schon den einen oder anderen Glücksfall mit sich gebracht, sodass Sie gegebenenfalls darüber an ein Grundstück kommen können.

Übrigens hatten wir einen ähnlichen Fall, lange Zeit haben wir uns verschiedene Resthöfe angesehen, aber wie es halt so ist, irgendwas war immer, warum es nicht passte. Dann haben wir den Spieß umgedreht und nicht mehr gesucht, sondern auf unsere Homepage geschrieben, dass wir Standorte suchen – der Wahnsinn, nach zwei Wochen bekamen wir ein tolles Angebot, aufgrund unserer einfachen Info auf unserer Homepage – also alle Ideen nutzen und dranbleiben!

Weitere wichtige Kriterien sind:

- Die Höhe der Miete.

  Setzen Sie sich ein Limit bezüglich der Miete, bei dem Sie noch ruhig schlafen können. Bedenken Sie, dass noch Folgekosten für die Warmmiete entstehen und auch gerne eine Kaution gesehen wird.

- Unkomplizierte Anfahrtswege für Ihre Kunden.

Machen Sie es Ihren Kunden leicht, schnell und leicht zu Ihnen zu gelangen. Eine nahe Autobahnanbindung oder einfache Straßenführung ist – trotz Navi – immer noch ein starkes Kriterium für Kunden. Es darf gerne schnell zu Ihnen gehen.

- Ausreichend Parkplätze.

Dies ist ein wichtiger Faktor – gerade für Kunden, deren Hunde unverträglich sind. Kunden möchten am liebsten direkt am Hundeplatz parken können. So sind sie schnell und stressfrei bei Ihnen auf dem Hundeplatz. Haben sie hingegen einen gestressten Hund dabei und die Hundehalter müssen noch quer durch die Stadt, um zu Ihnen zu gelangen, kann das für die Zukunft ein Ausschlusskriterium für Ihre Hundeschule sein – egal, wie gut Ihre fachlichen Kompetenzen sind.

- Geringe Entfernung zur eigenen Wohnung.

Auch Sie sollten schnell und nah an Ihrem zukünftigen Arbeitsplatz ankommen. Zeit ist Geld. Müssen Sie lange Strecken in Kauf nehmen, geht viel Ihrer Zeit für die Hin- und Rückfahrt, für Spritkosten usw. verloren.

- Kundentoiletten vorhanden?

Oft ist von offizieller Seite, wie etwa dem Bau- oder Ordnungsamt, auch Bedingung, dass die sanitären Anlagen nach „Frauchen" und „Herrchen" voneinander getrennt werden. Können Sie dies Ihren Kunden an dem neu geplanten Standort bieten?

Die Wahl des Standortes sollte gerade im Businessplan auch für Dritte nachvollziehbar sein. Zudem bietet sich eine Nutzwertanalyse an, wenn mehrere Möglichkeiten geboten sind. Folgende Informationen sind dafür hilfreich:

- Was ist mir für meinen Betrieb wichtig?

- Welche KO-Kriterien gibt es?

- Überlegen Sie die Mindestanforderungen bei

    » der Raumgröße (Seminarraum, Aufenthaltsraum, Halle für Training, …)

    » den Lagerräumen

- Welche Gewichtung gebe ich den einzelnen Standorten?

Erstellen Sie eine Nutzwertanalyse für Ihren Standort, um zu entscheiden.

Wurden der Nutzung von Parkplätzen 10 % eingeräumt, werden nun unter dieser Prämisse alle Standorte betrachtet. Standort B bietet vier Parkplätze. Eigentlich werden aber acht Parkplätze benötigt. Darum bewertet man Standort B bezüglich der Parkplatzsituation mit 4 von max. 10 möglichen Punkten. Nun rechnet man 10 % x 4 = 0,4. Am Ende werden alle Einzelsummen der Standortfaktoren pro möglichen Standort summiert und verglichen.

So können Sie Ihre Hundeschule noch ein wenig lukrativer machen – Hundepension als sinnvolle Ergänzung für eine Hundeschule

Eine Hundepension ist eine sinnvolle Ergänzung für eine Hundeschule und kann kombiniert werden. Hierzu einige Grundlagen und Überlegungen von unserer Seite.

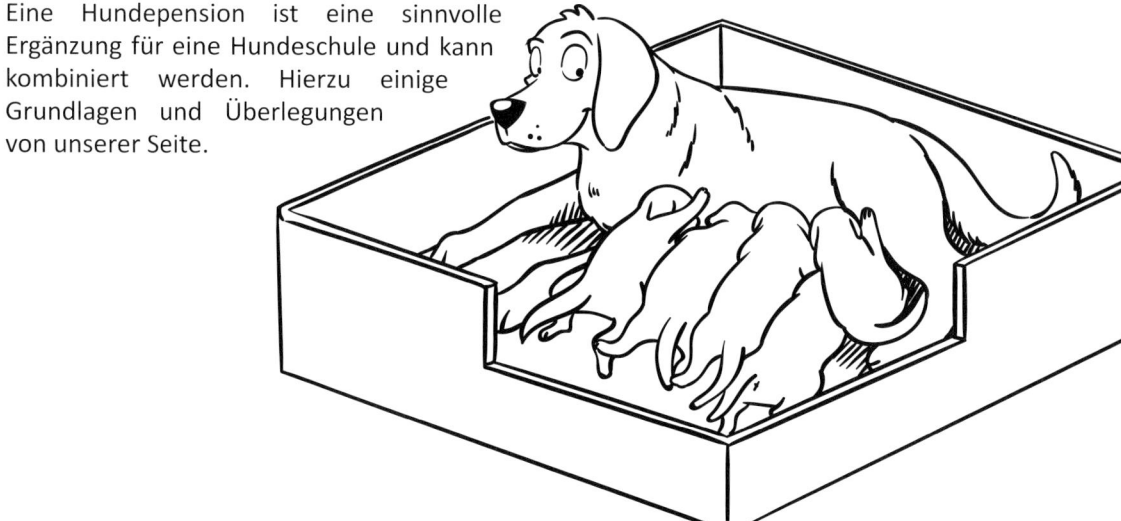

- Gründung einer Hundepension

Diese unterliegt ebenfalls der rechtlichen Grundlage eines § 11 des Tierschutzgesetzes. Achtung, das ist aber nicht der für Hundetrainer, sondern wieder ein anderer, nämlich nach TierSchG §11 Abs. 1 Nr. 3, 5, 8a.

- Gewerbeanmeldung

Diese besteht in aller Regel bereits bei einer Hundeschule. Dann muss aber die Hundepension im Gewerbeschein ergänzt werden.

- Gewerbeerlaubnis

Die Hundepension darf nur dort betrieben werden, wo sie seitens des Amtes eine Gewerbegenehmigung erhalten haben. Wohngebiete, evtl. auch Wasserschutzgebiete, können davon ausgeschlossen sein. Hundeschulen haben meistens bereits eine entsprechende Genehmigung für den Hundetrainingsplatz.

- Abnahme durch das Veterinäramt

Diese muss auch bei einer bereits bestehenden Hundeschule erfolgen. Falls es Zwinger geben sollte, müssen die durch das Veterinäramt vorgegebenen Maße als Mindeststandard eingehalten werden. Hier gilt es natürlich, vorab zu wählen, welche Form der Hundepension man wählt. Falls es Zwinger geben sollte, müssen die durch das Veterinäramt vorgegebenen Maße als Mindeststandard eingehalten werden. Hier gilt es natürlich, vorab zu wählen, welche Form der Hundepension man wählt.

Möglichkeiten der Integration einer Hundepension in die Hundeschule:

Sie haben Ihre Hundeschule direkt an Ihrem Wohnsitz und könnten die Hunde wechselweise im Freien und im eigenen Haus unterbringen.

Vorteile:

- Sie sind flexibler in der Handhabung und Auslastung der Hunde bei freier Zeiteinteilung und Zusammenstellung der Hundegruppen.

- Sie haben einen schnelleren Zugriff auf die Hunde bei Störungen.

- Kunden sind oftmals bereit, mehr Geld auszugeben, wenn die Hunde nicht in einem Zwinger oder in einer zwingerähnlichen Unterkunft untergebracht sind, sondern im Haus mit integriert sind.

Sie verbinden die Hundepension mit der Arbeit als Hundetrainer in Form einer Tagesbetreuung mit Kursangeboten.

Vorteile:

- Es gibt immer wieder Kunden, die einen „guterzogenen" Hund wollen, aber zu wenig Zeit in eine gemeinsame Basisausbildung investieren. Diese Lücke können Sie in gewissem Maße mit diesem Angebot schließen.

- Wer seinen Hund bereits in eine Tagesbetreuung gibt, kann auch schnell ein neuer Kunde für einen Gruppenkurs oder auch Einzelstunden werden. Sie haben regelmäßig Gelegenheit zum Gespräch mit potenziellen Kunden für das Hundetraining.

Sie haben Ihre Hundeschule nicht an Ihrem Wohnsitz, können aber die Hunde in den täglichen Arbeitsablauf integrieren und nehmen diese abends mit nach Hause?

Vorteile:

- Ausgewählte Hunde, die regelmäßig mit ihren Hundebesitzern beim Hundetraining sind, können zumeist leicht ohne großartige Veränderungen der Arbeitsabläufe integriert werden.

- Da Sie die Hunde permanent begleiten (Ruhepausen ausgenommen), haben Sie auch hier vollen Zugriff auf die Hunde bei Störungen. Zusätzlich können Sie die Hunde bei entsprechend guter Ausbildung mit in das Hundetraining integrieren.

Fazit – Hundepension als Hundeschule

Es gibt viele Möglichkeiten, eine Hundepension in eine Hundeschule zu integrieren. Natürlich hat auch jede Form ihre Nachteile. Finanziell bietet eine Hundepension – bei entsprechendem Marketing – eine solide Einkommensbasis, die somit auch die Arbeit der Hundeschule unterstützt.

Beispiel für eine Nutzwertanalyse

Nutzwertanalyse 10 = Maximalwert bis 1 = Minimalwert

Kriterien	Wichtung	Alternativen					
		A		B		C	
Miete	30 %	9	2,70	5	1,50	8	2,40
Nebenkosten	10 %	9	0,90	5	0,50	7	0,70
Kundennähe	10 %	9	0,90	6	0,60	9	0,90
Parkplätze	20 %	7	1,40	3	1,40	7	1,40
Wohnortnähe	15 %	9	1,35	5	0,75	7	1,05
Raumaufteilung	15 %	6	0,90	6	0,90	4	0,60
Summe	100 %		8,15		5,65		7,05

Der Mindestnutzwert wird hier beispielsweise auf 6 festgelegt. Das bedeutet, Alternative B ist aus dem Rennen. Alternative A hat die besten Chancen.

Der Markt und Ihre Idee

Wer sich als Hundetrainer auf dem Markt behaupten will, der sollte ihn kennen, denn es handelt sich um den Platz, an dem Angebot und Nachfrage zusammentreffen. Mit unserer Dienstleistung wollen wir dem Kunden bieten, was er sich für seinen Hund wünscht. Deshalb muss der Kundenwunsch und -nutzen bekannt sein, um sich so von den vielen Mitanbietern abzuheben. Folgende Fragen können nützlich sein:

- Welche Hundeschule/Hundetrainer bietet ähnliche Leistung an wie ich?
- Welche Leistungen, Kurse oder Einzelstunden werden identisch angeboten?
- Haben deren Leistungen die Qualität, wie Sie sie anbieten werden?
- Welche Einschränkungen sind durch Gesetze, Regelungen und Verordnungen vorgegeben?
- Welche anderen Anbieter – auch überregional – üben einen starken Einfluss auf den Markt aus?

- Welche kynologischen Themen werden durch Mitanbieter nur mittelmäßig oder gar nicht angeboten? Gibt es Nischen für mich?
- Was kann ich, was die anderen nicht anbieten?
- Welche Kollegen sind mir sympathisch? Sind Kooperationen möglich?

Sind die Methoden identisch oder gibt es Unterschiede? Auch wenn alle Hundeschulen Welpengruppen anbieten, bedeutet dies noch lange nicht, dass diese genauso arbeiten wie Sie. Ein Beispiel: Als ich mich selbständig machte, waren im Umkreis fünf Hundetrainer. Das löst erst einmal ein mulmiges Gefühl aus. Kann ich mich überhaupt behaupten? Die anderen sind ja schon länger sattelfest. Doch, ich konnte. Mit der Zeit fand ich heraus, dass alle einen anderen Trainingsstil hatten oder sich auf besondere Dinge spezialisierten. Eine Kollegin spezialisierte sich auf Jagdhunde, die andere nutzte Hilfsmittel, die ich nicht bevorzugte und so war mein Platz gefunden. Wir standen uns nicht im Weg. Deren Kunden wurden nicht zu meinen und meine nicht zu deren. Also, nicht abschrecken lassen!

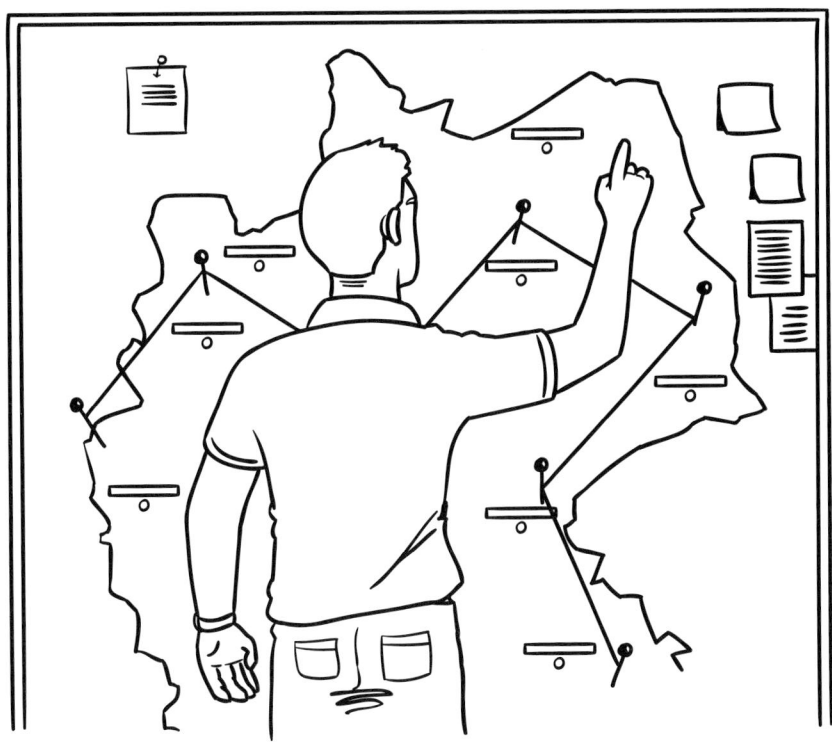

Die Marktanalyse

Mit einer Marktanalyse können Sie Ihren Markt sichtbar machen. Das ist hilfreich, um zu berechnen, wie hoch der eigene Anteil an Kunden sein könnte. Mit Hilfe von ermittelten soziodemographischen Daten, wie zum Beispiel Alter und Einkommen der Hundehalter, können

- Marketingziele
- Marketingstrategien und Marketinginstrumente

erkannt und zielorientiert eingesetzt werden. Das klingt nun erst einmal furchtbar langweilig – aber halten Sie es im Hinterkopf, denn spätestens im Bereich Marketing, wenn es um Social Media geht, werden Sie, wie selbstverständlich, genau bezeugen können, wer Ihre Zielgruppe sein wird.

Welche Kernfragen sind hier von Bedeutung?

- Welche unterschiedlichen Kundentypen gibt es?
- Welche Kunden bilden den Markt?
- Welche Leistung kauft der Hundehalter schwerpunktmäßig?
- Wer ist der Durchschnittskunde?
- Welche Kunden sind bereit, „Nischenprodukte" im Hundetraining zu nutzen?
- Welche Gründe sind für Kunden ausschlaggebend, einen Hundetrainer in Anspruch zu nehmen?
- Welche Gründe veranlassen Kunden dazu, mehr Geld für eine Beratung und das Hundetraining auszugeben?
- Wann kauft der Kunde?

  1. Wie liegen Zeitpunkt bzw. Phasen des Kaufs?
  2. Fiel die Entscheidung nach einem persönlichen Gespräch, kam der Kunde online zu Ihnen oder wie ist er auf Sie aufmerksam geworden?

Ihre Aufgabe: Sammeln Sie Informationen zu anderen Hundetrainern und deren Marketinginstrumente. Schauen Sie sich dazu

c. Homepage
d. Flyer, Plakate, Visitenkarten und Ähnliches
e. Social Media-Auftritte an.

Achten Sie darauf, dies in einer guten und wohlwollenden Stimmung zu machen. Es geht weder darum, die Konkurrenz auszuspionieren, noch deren Schwächen zu suchen.

Es geht um Sie und Ihren Betrieb. Schreiben Sie also heraus (hier empfehlen wir eine Exceldatei, da Sie flexibel darin schreiben und auch filtern können) was Ihre Mitanbieter gut machen und auch, was Sie auch anbieten würden, sie aber anders machen wollen – gegebenenfalls auch ganz klar, um sich anders zu positionieren.

Ihre Untersuchungen werden auf den eigenen Standort und einen Umkreis von 40 km ausgeweitet. Berücksichtigen Sie regionale Besonderheiten. (Ist ein ländlicher Standort gut erreichbar? Es kann sein, dass im ländlichen Bereich der Umkreis auf 50 km ausgeweitet werden kann/ muss. Ein Standort in einer Großstadt könnte hingegen mit einem 10 km Umkreis bereits zu groß gewählt sein, denn Kunden bevorzugen die Nähe. Führen Sie die Marktanalyse selbstständig über einen Zeitraum von 14 Tagen durch.

Eine Auswertung in Tabellenform könnte so aussehen:

Nr.	Name	Anschrift	Homepage	Preis pro Stunde	Alleinstellungsmerkmal
1	Müller	Bergstraße 4	Ja	40,00	Hundepension integriert
2	Meier	Bienenweg 9	Nein	30,00	--
...	...	...	...	...	...
10	Schulz	Langer Weg 27		45,00	Giveaways, organisiert Infoabende

Mit diesen Bewertungsfaktoren kann Ihre Tabelle angereichert werden:

- **Zehn** Mitbewerber gibt es im Einzugsgebiet

- davon haben **acht** eine eigene Homepage

- **vier** davon sind nur schlecht im Internet zu finden

- **drei** Anbieter bieten ein ähnliches Leistungsangebot, wie Sie es vorhaben.

- **alle zehn** Mitbewerber nutzen Flyer und Handzettel

- **einer** verwendet zusätzlich Postkarten und Werbegeschenke (Giveaways) wie zum Beispiel Hundespielzeugbälle mit Aufdruck

Aufgrund der Ergebnisse aus der Tabelle können Ihre geplanten Vorhaben nun angepasst werden.

Die Finanzplanung – Was gehört alles in eine vollständige Finanzplanung?

Die Umsatzplanung dient der Darstellung der Umsätze in den einzelnen Leistungsbereichen (Dienstleistungen) und dem Erkennen von Umsatzspitzen und Umsatzschwachpunkten. Weiterhin können Risiken, wie die Fokussierung auf wenige Leistungen, erkannt werden. Die Umsatzplanung ist für mindestens ein Jahr zu erstellen und fortlaufend mit der aktuellen (tatsächlichen) Situation abzugleichen.

Vereinfachtes Beispiel der Umsatzplanung:

	Preis pro Dienstleistung	*Absatzmenge*	*Preis pro Tagesseminar*	*Absatzmenge*	*Gesamtumsatz*
Januar	45,00 €	20	60,00 €	15	1800,00 €
Februar	45,00 €	25	60,00 €	18	2205,00 €
März	45,00 €	30	60,00 €	22	2670,00 €
April	45,00 €	30	60,00 €	25	2850,00 €
Mai	45,00 €	40	60,00 €	30	3600,00 €
Juni	45,00 €	40	60,00 €	30	3600,00 €
…	…	…	…	…	…

Ihre Aufgabe:
Stellen Sie sich folgende Fragen für Ihre persönliche Umsatzplanung:

- Wie hoch ist der Umsatz der einzelnen Leistungen und wie hoch ist der Gesamtumsatz?

- Wie hoch ist der Mindestumsatz?

- Wie ist die Aufteilung des Umsatzes gestaltet?

- Welche Dienstleistungen sind die Umsatzbringer (was bringt am meisten Einkommen)?

- Wann gibt es umsatzstarke und umsatzschwache Zeitpunkte – gibt es Möglichkeiten diese auszugleichen oder zu bearbeiten?

Ihre Preiskalkulation als Hundetrainer

Nun wird es Zeit, dass Sie sich mit Ihrem Preismanagement auseinandersetzen. In vorhergehenden Kapiteln haben Sie zur Berechnung Ihres Businessplans ja bereits schon einige Techniken kennengelernt, wie Sie berechnen können, was Sie monatlich benötigen, um gut leben zu können und Ihre Träume zu verwirklichen. Dennoch schauen wir uns Ihre Preiskalkulation auch praxisorientiert an:

Gerne sprechen wir direkt ein Thema an, das vielen Hundetrainern die eine oder andere schlaflose Nacht beschert. Auf der einen Seite wissen Hundetrainer, dass sie Geld verdienen müssen, auf der anderen Seite jedoch hat man eine Hemmung, Geld zu verlangen.

Hundetrainer wird man in den meisten Fällen aus Überzeugung. Motiviert durch die eigene Tierliebe und dem Wunsch, anderen Hundehaltern zu helfen, dass es Hund und Halter besser gehen wird. Da passt das Thema Geld – zumindest emotional – nicht hinein. Außerdem, wieso sollte man Geld für etwas verlangen, was so viel Spaß macht?

Stopp! An dieser Stelle müssen wir ein Veto einlegen, denn Sie möchten als Hundetrainer professionell wahrgenommen und anerkannt werden. Dieses zeichnet sich durch Ihr Fachwissen aus, das Sie sich über Jahre angeeignet haben – und Sie haben Geld und viel Zeit in Ihre Ausbildung und den Aufbau Ihrer Hundeschule investiert. Sie merken, der Kreis muss und darf sich schließen. Sie geben eine Leistung an den Hundehalter ab, diese darf honoriert werden.

Aus dem eigenen Nähkästchen geplaudert: Auch wir hatten am Anfang Bedenken, wie man sich finanziell auf dem Markt behaupten kann. Interessanterweise machten wir über die Jahre aber folgende Erfahrung: Immer, wenn wir eine Stundensatzerhöhung vornahmen, haben wir einen Schwung neuer Kunden bekommen. Es wurde also mehr, statt weniger. Auch hatten wir eine Zeitlang Infogespräche kostenlos angeboten. Wir dachten, dass die Hemmschwelle zu einem Hundetrainer zu gehen, dadurch kleiner gehalten ist und mehr Leute Interesse zeigen. Fakt war: Es meldeten sich Kunden an. Ich organisierte Babysitter, sodass ich Zeit für meine Kunden haben konnte. Dies kostete mich Geld und Zeit. Einige Kunden sind aber nicht gekommen und meldeten sich auch nicht ab. Folglich konnte ich auch keine Stunden verkaufen. Wirtschaftlich ein dickes Minusgeschäft, da ich den Babysitter ja auch noch bezahlen musste. Nach einigen Wiederholungen lernt man ja bekanntlich aus Erfahrung. Das Infogespräch wurde also mit einem Preis versehen, der zwar noch günstiger als die eigentliche Trainingsstunde war, jedoch alle unsere Ausgaben für dieses Gespräch deckten. Was veränderte sich? Interessanterweise hatten wir keine Absprünge mehr – und wenn, wegen Krankheit und die Termine wurden verschoben und zu einem späteren Termin wahrgenommen. Und keiner fehlte einfach so, sondern es gab immer eine Rücksprache mit uns. Fazit: Getreu dem Motto, was nichts kostet, ist nichts wert, sollten Sie gut überlegen, was Sie sich wert sind! Übrigens, noch ein kleiner Tipp: Sie bekommen nicht das, was Sie verdienen, sondern das, was Sie verhandeln.

Mit diesem kleinen Tipp wollen wir Sie ermutigen, an sich, Ihr Geschäft, Ihre Vision zu glauben und auch das Recht wahrzunehmen Ihr Geld zu verdienen – mit Dingen, die Sie lieben!

Welche Preise sollten Sie nehmen?

Befinden Sie sich am Anfang Ihrer Karriere, besteht oft eine Hemmung, sich preislich gleich neben Trainern einzuordnen, die bereits seit Jahren fest im Sattel sitzen. Aber zu wenig ist auch schlecht und lässt sie nicht überleben. Hinzu kommt, dass viele angehende Hundetrainer gerne kostenlose Stunden anbieten, bis sie sich sicherer fühlen. Aber Obacht: Stellen Sie sich vor, Sie finden einen Hundehalter, der bereit ist, mit Ihnen zu arbeiten. Sie treffen sich. Sie haben Erfolg, der Hund verbessert sein Verhalten, der Hundehalter ist begeistert und bucht Sie für weitere Stunden und somit sind Sie mit diesem Kunden die nächsten Wochen unterwegs. Zwischendurch haben Sie Ihre Hundetrainerprüfung erfolgreich bestanden, Ihren § 11 erlangt und Ihrer erfolgreichen Karriere steht nichts mehr im Wege – wären da nicht die Kunden, die Ihr Wissen kostenlos zur Verfügung bekommen. Zu Beginn mag Sie das nicht stören, es wird aber der Punkt kommen, an dem sich Ihr Bauchgefühl verändert. Sie benötigen einen Gegenwert. Aber wie teilen Sie dem Kunden nun mit, dass die Stunden, die er zuvor gratis bekommen hat, nun 50 € pro Stunde, teilweise noch zusätzliche Anfahrtskosten oder Ähnliches kosten? Dieser Sprung ist sehr hoch und hier werden Ihnen Kunden abspringen.

Besser ist es, wenn Sie sofort Rechnungen für Ihre Stunden schreiben, sobald Sie die Erlaubnis nach § 11 haben. Es spricht auch nichts dagegen, wenn Sie zuvor mit Probanden „zum Üben" kostenlos trainieren, aber Sie sollten zwei Dinge im Vorfeld kommunizieren:

a. Sobald ich meine Genehmigung §11 habe, werde ich Geld für die Stunden nehmen. Dann bin ich aus dem Ausbildungsstadium heraus und möchte meine Existenz aufbauen. Das wird vermutlich in zwei Monaten soweit sein.

b. Eine Einzelstunde wird dann 50 € kosten und die Teilnahme an Gruppenstunden 20 €.

Mit diesen Infos kann sich Ihr Proband auf die Stundensätze einstellen und Sie haben dies kommuniziert und können ohne schlechtes Gewissen Ihre Rechnungen erstellen oder bar abrechnen.

Ohne Preiskalkulation kein Gewinn!

Jetzt haben wir im oberen Verlauf einfach mal zwei Zahlen in den Raum geworfen. 50€ für eine Einzelstunde und 20 € für eine Gruppenstunde – doch wissen Sie, ob das für Ihre Hundeschule realistisch ist? Vielleicht mögen sich die Zahlen im ersten Schritt gut anfühlen, aber reichen sie aus, um Ihre Brötchen zu finanzieren? Ihre Zahlen müssen ausreichen, damit Sie am Ende des Tages ein Plus auf dem Konto erkennen können!

Sie müssen nun eine Brücke zwischen Ihrem Bauchgefühl und dem Wettbewerb schlagen. Ihr Preis sollte attraktiv sein, aber zugleich konkurrenzfähig und gewinnbringend.

Zücken Sie wieder Sift und Papier und beantworten folgende Fragen, um Ihren Preis zu erarbeiten:

- Welchen Stundensatz erwarten die Hundehalter?

- Benötige ich einen Mindestsatz, den ich für meine Stunden oder Verkaufsgüter haben muss?

- Welche Stundensätze nehmen die umliegenden Hundeschulen?

- Was ist an meinem Angebot besser für die Kunden im Vergleich zu den Mitanbietern? Das sollte ich honorieren. Was machen die anderen besser?

- Könnten Rabattaktionen meine Kunden begeistern? Möchten Sie Rabattkarten anbieten – fünf Stunden kaufen, vier bezahlen?

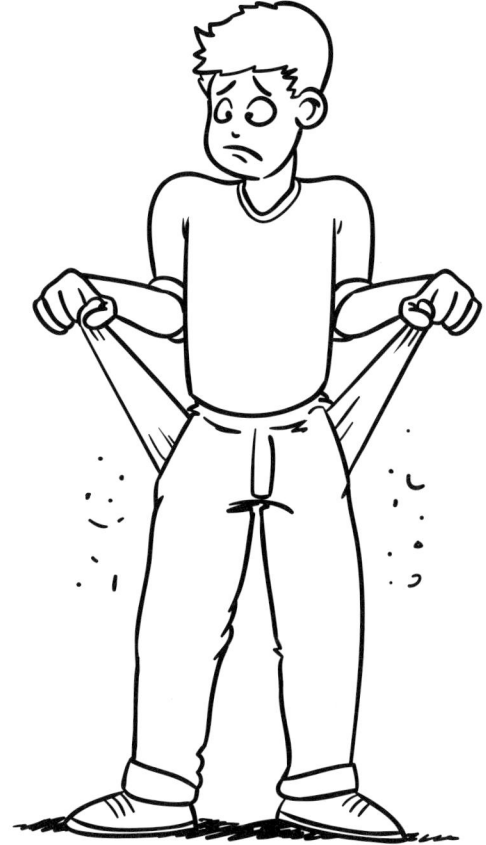

- Welche Zusatzkosten kommen auf mich zu? (Zeit für Anfahrt, Abrechnung, Bestellung, Kontaktpflege und Kommunikation usw.)

- Welche Kosten können eingespart werden, sodass das Angebot nicht an Wert verliert, aber dennoch interessant bleibt?

Kalkulieren Sie alles – auch, wenn der Verkaufswert wenig Spiel lässt. Sie werden fit im Bereich der Kalkulation und haben schnell einen Überblick, wieviel Arbeit wirklich hinter einem Produkt steckt. Beispiel: Sie möchten Bücher verkaufen. Sie setzen sich mit Verlagen zusammen und können Bücher zum Einkaufspreis bestellen. Bücher unterliegen einem sogenannten Preisbindungsgesetz und diese dürfen nicht günstiger verkauft werden, sondern müssen zum vom Verlag festgelegten Verkaufspreis an den Hundehalter verkauft werden. Aber es fallen Arbeiten dazu an, die Sie einplanen müssen und die Ihnen zusätzliche Zeit und Geld kostet:

- *Bestellung der Bücher*
- *Auspacken und Kontrolle der Bücher*
- *Regale putzen und Bücher zum Verkauf dekorieren*
- *Verkauftes Buch abrechnen und in der Buchhaltung verwalten*

Es geht also darum, dass Sie sich von Anfang an bewusst machen, ob sich die Arbeit lohnt oder für Sie Zeit bedeutet. Im oben genannten Beispiel ist der Aufwand zeitlich sehr gering, dennoch gehört er in Ihre Kalkulation.

Früher wurde die Preiskalkulation sehr kostenlastig betrieben. Heute ist das nicht mehr so. Vielmehr gibt es drei gängige Modelle, nach denen Preise kalkuliert werden:

Preiskalkulation nach Nachfrage

Hier werden Ihre potenziellen Kunden befragt, was Sie zu zahlen bereit wären. Das ist in der Realität jedoch schwierig, da hier auch Emotionen beteiligt sind. Fragen Sie beispielsweise Ihre Nachbarin, die einen Hund hat und Sie sehr mag, wird Sie Ihnen vielleicht einen höheren Preis nennen, eben, weil sie Sie mag und es nur eine fiktive Frage ist. Also wissen Sie immer noch nicht, ob Sie anschließend wirklich kauft!

Preiskalkulation nach Kosten

Fassen Sie alle Ihre Kosten zusammen, die Sie für den entsprechenden Kurs haben. Sie kalkulieren also nach dem Minimalpreis, zu dem Sie den Kurs anbieten müssen. Würden Sie ihn für weniger anbieten, sollten Sie ihn gar nicht anbieten, um nicht draufzuzahlen. Der Nachteil ist aber, dass hier Rabatte oder Marktveränderungen nach unten nicht mehr aufgefangen werden können und Ihre Kalkulation ins Minus verläuft.

Preiskalkulation nach dem Wettbewerb orientiert

Viele Hundetrainer schauen sich die Preise der benachbarten Hundeschulen an und passen diese an ihr eigenes Geschäft an. Machen Sie nicht den Fehler, dass Sie Ihre Mitanbieter im Preis unterbieten wollen. Das rächt sich. Sicherlich werden einige Kunden sich für ein vermeintlich identisches Angebot für das günstigere entscheiden. Aber meinen Sie, dass Ihre Mitanbieter das nicht mitbekommen? Die Folge wird sein, dass auch sie mit dem Preis runtergehen und schon befinden Sie sich nicht nur in einer finanziellen Abwärtsspirale, sondern auch in einem emotionalen Disput mit Ihrem Mitanbieter.

Orientieren Sie sich gerne an den Preisen, kalkulieren Sie aber immer, ob diese abzüglich Ihrer Kosten für Sie passen. Das ist sehr wichtig! Sie müssen einen Gewinn kalkulieren – erst recht, wenn Sie (später) Mitarbeiter ins Rennen schicken wollen.

Es gibt nun nicht die richtige Kalkulation aus den vorgestellten Möglichkeiten. Behalten Sie alle im Auge und wägen Sie ab. Sie dürfen Ihre Preise im Laufe der Zeit auch anpassen oder die Teilnehmeranzahl verändern und so weiter. Verändern Sie nur nicht in zu kurzer Zeit zu viel, das irritiert Ihre Kunden.

Für Ihre Dienstleistung einer Gruppenstunde könnte eine Kalkulation so aufgebaut sein:

Sie möchten einen Kurs von sechs Wochen anbieten. Für diesen haben Sie folgende Ausgaben, die Sie generell beachten sollten:

- Hin- und Rückfahrt zum Hundeplatz, Auto

- Mögliche Personalkosten

- Ihr Stundensatz und Lebenshaltungskosten

- Materialien wie Bällebad, Leckerchen, Pylonen, Urkunden für die letzte Stunde

- Unkosten für den Hundeplatz, Rasenmäher, Kotbeutel, Zaun, Licht, Getränke, Knabberei für die Kunden usw.

- Flyer, Werbung, Telefon, Website, Organisation und Marketing usw.

- Gewinnzuschlag

- Umsatzsteuer

Beachten Sie zudem auch Ferienzeiten und Krankenstände, Unwetter usw.

Diese Fehlzeiten müssen finanziell mit abgedeckt werden. Ebenso sind Weihnachten und die Sommerferien auch präsent. Rechnen Sie mit 42 Wochen, in denen Sie im Jahr Geld verdienen können.

Möchten/ müssen Sie pro Jahr 60.000 € Umsatz machen, heißt das, dass Sie pro arbeitender Woche circa 2.900 € Umsatz erwirtschaften müssen. Stehen Ihnen pro Woche 40 Arbeitsstunden zur Verfügung, müssen Sie circa 73 € pro Stunde kalkulieren. Dies ist Ihr erster Richtwert für Ihre Planung.

Vielleicht stellen Sie jetzt fest, dass Sie 120 € pro Stunde Umsatz machen müssen, weil Sie ja noch Ausgaben für den Kurs haben. Diese können Sie nun auf Ihre Kursteilnehmer umlegen. Möchten sie mit Kleingruppen arbeiten und mit nur drei Teilnehmern trainieren, bedeutet dies folgendes:

120 € : 3 Teilnehmer = 40 € pro Stunde. Da Sie einen sechswöchigen Kurs planen, stellen Sie fest, dass der gesamte Kurs den Kunden nun 240 € kosten würde. Hmm, das ist ganz schön sportlich, wenn Sie sich die Preise Ihrer Mitanbieter ansehen. Was tun, denn schließlich müssen sie auf 120 € pro Stunde kommen.

Sie können nun folgende Dinge anpassen:

- Sie können die Anzahl im Kurs steigern und mindestens vier Teilnehmer nehmen. Dann wäre die Kursgebühr bereits schon bei 180 €.

- Weiterhin können Sie Rabattaktionen anbieten, die innerhalb Ihres Gewinnbereichs liegen.

- Sie können für die Kunden Gutscheine im Wert von beispielsweise 25 € parat halten, die sie bei der Buchung bekommen und für Verkaufsgüter oder Ähnliches einlösen können.

- Sie können jedem Kunden anbieten, dass er Rabatte auf eine Einzelstunde gratis dazu erhält usw.

- Kostenlose Webinare

Es gibt also zig Möglichkeiten, wie Sie Ihren Kurs aufwerten können, und zwar so, dass Ihr Kunde einen hohen Mehrwert hat. Das Wichtige ist nur, dass er das weiß. Es ist für einen Kunden ein Unterschied, ob ihm folgendes suggeriert wird:

- 6 x Hundetraining für 180 € zu jeweils 60 Min.

Oder

- 6 x Hundetraining für 180 € zu jeweils 60 Min. inkl.:

- 1 x kostenloses Webinar, mit Chatverlauf, bequem von zuhause. Die Aufzeichnung wird anschließend zur Verfügung gestellt

- Kostenlose Beratung auch zwischen den Gruppenstunden per Mail oder Telefon

- 5 % Rabatt auf Einzelstunden für Gruppenstundenkunden

- Monatlicher kostenloser Newsletter

- Gutscheinheft der Hundeschule im Wert von XX

Und schon stehen die 180 € in einem anderen Verhältnis. Transportieren Sie bei der Preiskalkulation auch immer den Mehrwert für Ihren Kunden mit. Er kann sich das nicht von alleine denken, auch, wenn wir das glauben.

> *Es ist realistisch, wenn Sie Ihre Stunden, die Ihnen zum Arbeiten zur Verfügung stehen, so planen, dass Sie zu 60 % Stunden in Ihrer Hundeschule geben und 40 % für Organisation, Abrechnung und so weiter benötigen werden. Daher müssen die 40 % mit in den 60 % von den Kosten abgedeckt sein.*

Stressen Sie sich nicht mit der Kalkulation. Rechnen Sie in Ruhe. Gehen Sie das Thema erst mal ganz pragmatisch an. Nutzen Sie unsere Auflistungen und rechnen Sie. Dann überschlafen Sie Ihre Kalkulation und fragen dann Ihr Bauchgefühl. Fühlt es sich gut an, starten Sie damit. Haben Sie Bauchschmerzen, so müssen Sie nochmal ran, denn Sie müssen Ihren Preis vertreten können. Ihr Kunde merkt sofort, ob Sie hinter Ihrem Produkt stehen. Kippeln Sie, werden Sie immer wieder von Kunden gefragt, ob Sie etwas am Preis machen können. Antworten Sie ihm mit einem Zwinkern, dass Sie gerne die Nullen ausmalen können und welche Farbe er dazu haben möchte. Dies kann man jedoch nur, wenn man hinter seinem Konzept und seinem Preis steht.

Kalkulieren Sie also solange, bis es passt – pragmatisch und emotional! Starten Sie!

Gedanken für die Zukunft:

Überlegen Sie, ob und wann es Sinn macht, den Preis zu erhöhen. Sie haben eine Mindestteilnehmerzahl von vier Kunden in Ihrem Gruppenkurs. Zuerst planen Sie, dass maximal sechs Teilnehmer mitmachen dürfen. Im Laufe der Zeit sind Sie Vollprofi und haben Ihre Teams gut und mit Freude im Griff. Sie stellen fest, dass Sie problemlos noch zwei Mensch-Hund-Teams aufnehmen könnten. Das bedeutet eine Umsatzsteigerung von 1080 € auf 1440 €. Für Sie ist das finanziell sehr attraktiv und Sie haben einen Puffer, an dem Sie Ihre Kunden teilhaben lassen können. Gewähren Sie ihnen Sonderrabatte oder veranstalten Sie einen kostenlosen Erste-Hilfe-Abend für treue Kunden oder oder...

> *Sie merken, dass die Preiskalkulation mühsam, aber sinnvoll ist. Vermeiden Sie es daher, nur Schätzungen abzugeben nach dem Motto: „Wird schon passen" ... nein, wird es auf Dauer meistens nicht! Nutzen Sie die Zeit – gerade am Anfang. Sie lernen Ihren Betrieb somit sehr gut kennen!*

Unterschätzen Sie das Drumherum nicht. Kurze und auch längere Telefonate außer der Reihe fallen sicher an. Es ist realistisch, wenn Sie pro Hundehalter noch circa 1,5 Stunden einkalkulieren.

Sie werden nicht acht Stunden am Tag für fünf Tage in der Woche Hundetraining geben können. Der erste Grund: ANSTRENGUNG! Einzeltraining ist unglaublich anstrengend. In der ersten Zeit werden Sie nicht über vier Einzeltrainings pro Tag hinauskommen, weil Sie sich unheimlich konzentrieren müssen und auch Pausen benötigen. Sobald Sie gelernt haben, sich abzugrenzen, noch besser zu strukturieren und etwas Routine besitzen, wird es einfacher. So kann ein Arbeitstag gerne regelmäßig sechs Einzeltrainings beinhalten.
Regelmäßig noch mehr Stunden zu machen, wird aber aus dem zweiten Grund nicht möglich sein: ORGANISATION! Es ist meistens organisatorisch nicht durchführbar! So wird ein Teil der Kunden zu Hause besucht werden müssen. Die An- und Abfahrt wird Zeit verschlingen, die uns für andere Dinge nicht mehr zur Verfügung steht. Weiterhin endet eine Kursstunde bei den meisten Trainern und Verhaltensberatern nicht punktgenau nach 60 Minuten. Beachten Sie das, sonst kommt Ihre Kalkulation ins Wanken.

Andererseits werden Sie aus kalkulatorischen Gründen Einzeltermine mit circa 40 Personen pro Woche durchführen. Da jeder Kunde maximal pro Woche eine Stunde buchen wird, werden wir bei acht Kunden pro Tag 40 Kunden pro Woche bedienen. Diese Termine zu verwalten ist nicht nur eine gewisse Herausforderung, es kommt auch immer wieder zu Verschiebungen. Kunden rufen an und müssen den Termin umlegen, weil ihr Hund krank geworden ist oder das Auto in die Werkstatt musste. Aus diesen Terminverschiebungen resultiert nicht nur das Problem, die acht Stunden am Tag zu füllen, sondern auch ein immenser zusätzlicher Arbeitsaufwand. Telefonate müssen geführt werden, um Termine neu zu organisieren.

Zur besseren Übersicht:

Einzeltraining	Gruppenkurs
sehr hohe Effektivität	geringe Effizienz, abnehmend mit zunehmender Teilnehmerzahl
hoher Preis für den Kunden	geringer Preis für den Kunden, weiter abnehmend mit zunehmender Teilnehmerzahl
geringe Einnahme für den Trainer	höhere Einnahmen für den Trainer
hoher Verwaltungsaufwand im Vergleich zum Umsatz	geringer Verwaltungsaufwand im Vergleich zum Umsatz
auch bei schlechter Marktlage durchführbar	Ausfälle bei schlechter Marktlage
individuelle und flexible Beratung möglich/notwendig	gleichbleibende Schulungsinhalte
hoher Erfolgsdruck für den Trainer	Ziele sind klar umrissen, geringer Erfolgsdruck
hoher Planungsaufwand für gestellte Situationen	geringer Planungsaufwand

Auch können Sie für Verkaufsgüter rechnen …

Schauen wir uns eine Berechnung zur Veranschaulichung anhand von Geschirren an. Ich muss für meinen Praxis- und Verkaufsraum 500 € Fixkosten (Miete, Strom …) bezahlen, unabhängig davon, wie viele Halsbänder und Geschirre ich verkaufe. Die Halsbänder kaufe ich für 5 € pro Halsband (variable Kosten) ein und verkaufe es für 10 € weiter. Die Gewinnschwelle kann ich dann erreichen, wenn die Verkaufsmenge so hoch ist, dass mein Umsatz (Verkaufspreis x Verkaufsmenge) den anfallenden Kosten entspricht.

Folgende Formel kommt nun zum Einsatz:

Für unser Beispiel bedeutet das:

Wenn wir also 100 Halsbänder verkaufen, dann sind unsere Kosten gedeckt. Ab einer Verkaufsmenge von 101 machen wir Gewinn.

$$BEP = \frac{500{,}00\ €}{10{,}00\ € - 5{,}00\ €}$$

$$BEP = \frac{500{,}00\ €}{5{,}00\ €}$$

$$BEP = 100$$

$$BEP = \frac{Fixkosten}{Preis - variable\ Kosten}$$

Wollen wir unser Beispiel nun mit einem Gewinn von 1000 € berechnen, sieht die Formel folgendermaßen aus:

Für unser Beispiel bedeutet das:
Wenn wir 1000 € Gewinn machen wollen, müssen wir demnach 300 Hundehalsbänder verkaufen.

> BEP = Break-even-Point;
> auch: db = Deckungsbeitrag

Der Deckungsbeitrag

Wieviel bringt mir eine Dienstleistung als Hundetrainer wirklich ein?

Der Deckungsbeitrag kann bei verschiedenen Dienstleistungen (Beratung, Seminar) und Ergänzungsprodukten (Hundefutter, Halsbänder usw.) in verschiedenen Stufen berechnet werden. Zur Vereinfachung und besseren Nachvollziehbarkeit berechnen wir nur den Deckungsbeitrag Stufe 1.

Was ist der Deckungsbeitrag?
Der Deckungsbeitrag beschreibt den Betrag, der zur Deckung der Fixkosten vorhanden ist. Er wird aus der Differenz von Umsatz und variablen Kosten gebildet.

Mit dem Vergleich des Deckungsbeitrages, z. B. zwischen einer Hundetrainer-Dienstleitung und einem Seminar zu gesunder Ernährung für Hunde, können Sie herausfinden, wobei Sie wirklich am meisten verdienen. So lässt sich der **Deckungsbeitrag** berechnen.

$$BEP = \frac{500{,}00\,€ + 1000{,}00\,€}{10{,}00\,€ - 5{,}00\,€}$$

$$BEP = \frac{1500{,}00\,€}{5{,}00\,€}$$

$$BEP = 300$$

$$BEP = \frac{\text{Fixkosten} + \text{Gewinn}}{\text{Preis} - \text{variable Kosten}}$$

Formel:
Deckungsbeitrag (db) = Umsatz (Preis pro Dienstleistung) - variable Kosten

Berechnungsbeispiel:
db = 45 € (Dienstleistung) - 5 € (variable Kosten z. B.: 2,50 € Marketing, 1 € Telefonkosten, 1,50 € Energiekosten)

db = 40 €

Berechnen Sie jetzt einfach für zwei Angebote den Deckungsbeitrag, so können Sie erkennen, was Ihnen mehr Gewinn bringt.

Beispielrechnung im Vergleich:
Ihre Dienstleistung Hundetraining kostet 45 € und hat variable Kosten von 5 €. Der Deckungsbeitrag liegt hier also bei 40 € (45 bis 5) pro Dienstleistung.

Das Abendseminar kostet ebenfalls 45 € und hat variable Kosten von nur 3 €. Der Deckungsbeitrag liegt hier also bei 42 € je Seminar.

Rein vom Gewinn her betrachtet bringt das Abendseminar 2 € mehr pro Teilnehmer. Mit so einem Vergleich bekommt man mehr Klarheit bezüglich des Gewinns.

Betrachten Sie die oben vorgestellte Berechnungsmöglichkeit als Ihren „Joker". Irgendwann werden Sie im Laufe Ihrer Selbstständigkeit feststellen, dass Sie (gefühlt) zu wenig Zeit für alles haben. Womit hört man aber auf? Was gibt man ab? Oft steckt man mit Kopf und Fuß in seinem Unternehmen und verliert den Überblick. Mit der oben beschriebenen Formel können Sie schnell berechnen, was sich lohnt und von welchen Projekten man sich doch besser trennt, weil die Zeit und zu investierende Arbeit einfach wirtschaftlich unattraktiv sind.

Es kann gut sein, dass man sich auch von emotionalen Lieblingsprojekten trennen muss, weil sie derzeit wirtschaftlich nicht sinnvoll sind. Legen Sie es ad acta – es muss keine Trennung von Dauer sein. Vielleicht können Sie das Projekt eines Tages wieder aufnehmen, haben mehr oder bessere Kapazitäten als jetzt – jetzt aber schonen Sie Ihre Ressourcen und bringen Ihren Betrieb mit effizienter Arbeit auf den Weg!

Der Stundenverrechnungssatz

Wieviel muss ich eigentlich im Durchschnitt pro Stunde verdienen, damit ich davon leben kann?

Der Stundenverrechnungssatz dient zur Bestimmung des Verkaufspreises pro Stunde unter dem Gesichtspunkt der verfügbaren Arbeitszeit, Effektivzeit (fakturierte = verkaufte Zeit), den Lebenshaltungskosten, der Steuer, Gewinnzuschlag, sowie der eingeplanten Urlaubs-, Feier- und Krankheitstage. Der Stundensatz kann sowohl als Untergrenze aufgrund der Kosten als auch für das Zieleinkommen berechnet werden. Niemand kann rund um die Uhr arbeiten. Auch krankheitsbedingte Ausfälle können auftreten und diese sollten Sie unbedingt einplanen. Um als Hundetrainer zu wissen, was Sie mindestens pro Stunde verdienen müssen, gibt es neben dem Break-even-Point die Möglichkeit der Berechnung über den Stundenverrechnungssatz. Dieser beinhaltet neben dem Verkaufspreis und den Kosten auch die variable (verfügbare Arbeitszeit, Urlaub, Feiertage, Krankheitstage) und die wirklich verkaufte Zeit.

Nachfolgend ein Beispiel, was Sie an Ihre Zahlen und Bedürfnisse anpassen können:

- 8 Arbeitsstunden pro Tag
- 20 Arbeitstage pro Monat
- 20 Urlaubstage pro Jahr
- 10 Feiertage pro Jahr
- tatsächlich verkaufte Zeit 50 % (der Rest wird für Organisation, Marketing, Steuerberater u. ä. verbraucht)
- Kosten für das Privatleben werden pro Monat mit 2000 € angesetzt
- 500 € pro Monat für den Hundeplatz, Telefon, Webseite, Geräte, Strom, Wasser, Flyer
- Gewinnzuschlag – schließlich kann ein Hundetrainer auch mal durch Krankheit ausfallen und muss ja trotzdem alle Rechnungen bezahlen – um ein Polster aufzubauen
- 19 % Umsatzsteuer gelten derzeit, die auf die Summe oben draufkommen

KAPITEL 2
Ihre Buchhaltung und Steuern

Jetzt kümmern wir uns um Ihre Buchhaltung – ja, wir wissen, deshalb sind Sie kein Hundetrainer geworden – aber Sie sind selbständig und dazu gehört eben auch eine ordentliche Buchhaltung. Da diese immer, oder zumindest häufig, als Stiefkind behandelt wird, schreiben wir Ihnen nun erst einmal die Vorteile heraus, denn ganz ehrlich – die Buchhaltung ist Ihr Freund!

Durch die Buchhaltung (er-)halten Sie den Überblick. Sie hat die Funktion der

- Dokumentation: Alle Ihre Geschäftsfälle finden sich darin wieder. Über Jahre werden diese Unterlagen aufgehoben und Sie können im Falle eines Falles darauf zurückgreifen oder Vergleiche aus unterschiedlichen Geschäftsjahren ziehen.

- Information: Sie wissen, was wirtschaftlich in Ihrem Unternehmen passiert.

- Berechnungsgrundlage: Sowohl Ihr Gewinn als auch Ihre Steuerbemessungsgrundlage wird aus Ihrer Buchhaltung entnommen.

- Planung: Sie können anhand der sortierten Daten schnell einsehen, was in Zukunft als weitere Investitionen möglich sein kann. Planungssicherheit lässt Sie gut schlafen!

- Kontrolle: Vergleichen Sie Ihre Zahlen miteinander – monatlich, jährlich usw.

Fangen wir aber mit den Basics an.

Nehmen Sie Ihre Buchhaltung von Anfang an ernst und gehen sie liebevoll mit ihr um! Zu Beginn unserer Selbständigkeit hatte ich mich sehr um das Thema gedrückt. Die Folge war jedoch ein schlechtes Gewissen und immer ein Damoklesschwert über mir, denn so dachte ich recht häufig: Hoffentlich geht das alles gut … Diese Sorgen hätte ich mir von Anfang an schenken können, wenn ich mich mal einen Tag damit auseinandergesetzt hätte, was ich (nur) machen muss … Endlich kam der Tag X, an dem ich mich von einem Steuerberatertermin informieren ließ, der mir in einem knapp zweistündigen Termin einen Plan gab. Somit standen meine Aufgaben fest. Ich wusste, was ich tun musste, gleichzeitig aber auch, was der Steuerberater übernahm und damit bekam ich ein ganz anderes Gefühl zum Thema Buchhaltung! Die nachfolgenden Jahre waren diesbezüglich viel entspannter und stressfreier. Mittlerweile werden wir von einem tollen Buchhaltungsteam unterstützt und das Thema bekommt den Raum, den es verdient. Also trauen Sie sich, das Thema anzugehen und einen Platz weit vorne einzuräumen.

Ihre Ablage

Sie benötigen eine Ablage. Neben einem stets aufgeräumten (!) Schreibtisch benötigen Sie eine Möglichkeit, Ihre Buchhaltungs-Unterlagen abzulegen. Unser Steuerberater empfahl uns, zu Beginn einen Ordner mit jeweils zwei Trennblättern zu nutzen. Das erste Trennblatt beschriften Sie mit der Aufschrift „erstellte Rechnungen" und auf dem zweiten Trennblatt schreiben Sie „bezahlte Rechnungen". Natürlich können Sie das, um Druckkosten zu sparen und nachhaltig zu arbeiten, auch digital machen.

Schon ist Ihr erster Ordner fertig. Jede Rechnung, die Sie schreiben, wird nun hinter dem ersten Trennblatt gesammelt. Sie sollten täglich Ihr Geschäftskonto nach Zahlungseingängen überprüfen. Auch, wenn zu Beginn noch nicht die Mengen einströmen, Sie erlangen bereits Routine und Ihre Buchhaltung erfährt eine Wichtigkeit im Alltag. Zudem fallen Ihnen auch ungewünschte Abgänge zeitnah auf, die Sie dann zurückbuchen können.

Den Rücken des Ordners können Sie zum Beispiel mit „Rechnungen Quartal 1/20" beschriften.

Nun wird es auch Zeit für Ihren zweiten Ordner.

Sie nehmen schließlich nicht nur Einnahmen ein, sondern werden auch jede Menge Ausgaben haben. Sammeln Sie alle Belege! Die Zeiten von mit Belegen gefüllten Schuhkartons und Kommentaren, wie: „Ach, der Beleg könnte noch (zerknüddelt) im Auto sein …" sind vorbei. Heften Sie alle Ausgaben chronologisch, also der Reihe nach in Ihren Ordner. Vermerken Sie (spätestens) beim Abheften, ob Sie den Artikel bar oder von einem Ihrer Konten überwiesen haben. Diese Info spart bei der späteren Arbeit durch Ihren Steuerberater oder durch Sie selbst enorme Zeit! Sie können sich nicht jeden Beleg merken, da Kassen und Konten aber richtig gebucht werden müssen, sollte ein schneller Überblick durch eine kurze Notiz kein Problem sein. Sie merken, was das an Zeit und Geld einspart.

> Haben Sie Mitarbeiter, sollten Sie und Ihre Mitarbeiter direkt damit beginnen, mit Kürzeln zu arbeiten, sodass nicht nur die Quelle der Ausgabe bekannt ist, sondern auch, welcher Mitarbeiter welche Ausgabe getätigt hat. So kommen keine Unklarheiten oder auch im schlimmsten Fall Vertrauensfragen auf.

Beschriften Sie Ihre Ordner, drucken Sie Ihr Logo auf den Ordner. Auch Ordner dürfen hübsch aussehen – gerade, wenn man sich noch etwas motivieren muss, dass Buchhaltung wirklich Spaß macht. Zudem geben Sie Ihrem Betrieb durch schön gestaltete und einheitliche Ordner einen professionellen Touch.

Führen eines Kassenbuchs

Sicherlich werden Sie auch mit einer Barkasse arbeiten. Dies ist immer ganz praktisch, gerade, wenn Sie neben Ihren Kursen auch noch Zubehör verkaufen und anbieten. Hundehalter nehmen gerne noch das eine oder andere Fachbuch, aber auch Halsbänder, Leckerchen und so weiter mit.

Gesetzlich sieht es so aus, dass Sie ein Kassenbuch auch tatsächlich führen müssen, wenn Sie zu einer Bilanz verpflichtet sind. Arbeiten Sie hingegen mit einer Einnahmenüberschussrechnung, so müssen Sie kein Kassenbuch führen.

Zum Führen einer Barkasse

Schaffen Sie sich eine Barkasse an, die Sie so positionieren, dass sie nicht für alle einsehbar ist. Leider macht Gelegenheit auch Diebe. Daher empfehlen wir Ihnen, dass Sie Ihre Einnahmen jeden Abend oder zu Feierabend aus der Kasse nehmen und beispielsweise zur Bank bringen. Lassen Sie nur einen kleinen Kassenbestand, mit möglichst überwiegend Kleingeld, etwa 20 €, in der Kasse. So haben Sie genügend Kleingeld zum Wechseln in der Kasse, aber auch wenig genug drin, dass es nicht zu sehr schmerzt, wenn die Kasse geplündert wurde. Als Barkasse empfehlen wir eine gute Investition, nämlich eine, in der Sie das Münzgeld einzeln in Fächer sortieren können. So springt Ihnen beim Öffnen der Kasse nicht alles entgegen und Sie haben einen sofortigen Überblick darüber. Glauben

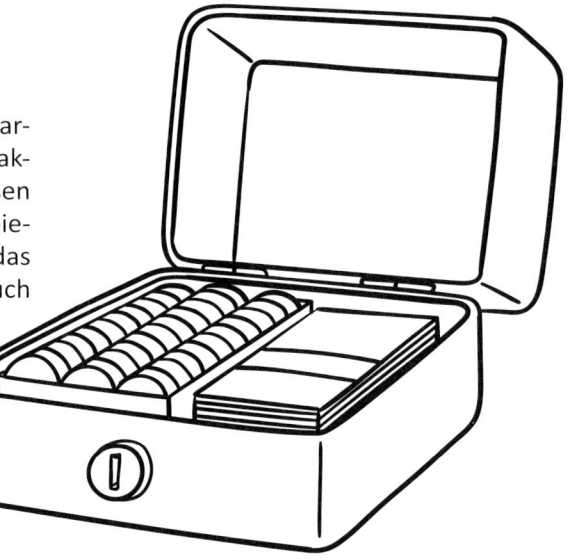

Sie uns, es macht das eine oder andere Mal wahnsinnig, wenn man erst (wieder einmal) sortieren muss, bevor man dem Kunden das Wechselgeld geben kann.

Die Barkasse enthält Ihre finanziellen Bar-Transaktionen, also alle Ein- und Ausgaben. Dabei kann es sein, dass Sie auch Geld privat entnehmen müssen, auch das wird unter den Ausgaben festgehalten.

Es gibt nun mehrere Möglichkeiten, wie Sie Ihr Kassenbuch dokumentieren. Betriebsprüfer hinterfragen Ihre Barkasse natürlich auch, daher sollten Sie eine lückenlose Dokumentation nachweisen können. Dazu gibt es verschiedene Möglichkeiten. Fehlbeträge sollten nicht entstehen. Die Kasse sollte 1:1 mit Ihren Belegen übereinstimmen.

1. Sie nutzen ein käuflich zu erwerbendes Kassenbuch. Dies besteht meist aus einer vorgedruckten Tabelle, in die Sie Ihre Einnahmen eintragen. Hinter jeder Tabelle befindet sich ein Durchschlag. So können Sie Ihre eine Kopie an den Steuerberater geben und eine für Ihre Unterlagen behalten. Mittlerweile werden die Kassenbücher auch mithilfe einer Software geführt. Schauen Sie, was sich für Sie lohnt beziehungsweise welche Vor- oder Nachteile sich ergeben. Haben Sie Ihren Rechner immer dabei, so können Sie problemlos auch das Kassenbuch anhand eines (meistens) Excelprogramms digital führen. Steht die Kasse aber in Ihrer Hundeschule und der Computer zuhause, müssen Sie Zwischenvermerke machen oder sich alles merken, bis Sie es eintragen können. Daher prüfen Sie, welche Möglichkeit alltagstauglich ist.

2. Alternativ können Sie auch kleine Einnahme- und Ausgabebögen nutzen. Dies wären aber wieder weitere Anschaffungen.

Generell: Stellen Sie Ihrem Kunden über jede Einnahme eine Quittung aus (seit dem 01.01.2020 greift ohnehin die Bonpflicht). Lassen Sie sich auch nicht auf Diskussionen ein, von wegen, dass der Kunde keine Quittung benötigt und er es so zahlt – oder Ihnen im schlimmsten Fall noch vorschlägt an Ihrer Kasse „Vorbei" zu bezahlen. Machen Sie sich nicht unglücklich, strafbar und erpressbar! Führen Sie von Anfang an Ihre Kassen verantwortungsbewusst und ordentlich.

| Name | Maximilia Mustermann | | | | | Monat | Oktober | | | Jahr | 2019 |

Kassenbuch

Mand.-Nr. _____ Blatt 1

Einnahmen		Ausgaben		Bestand	Gegen-Konto			Beleg Nr.	Datum	USt. Satz	Text
Anfangsbestand/Übertrag →				100,-							
80,-				180,-				1	01.	-	Welpenkurs Frau Müller
80,-				260,-				2	01.	-	Welpenkurs Herr Schmitt
		15,	50	244,50				3	08.	-	Portokosten
25,-				269,50				4	15.	-	Infogespräch Frau Meier
185,-		15,	50	← Summen					Unterschrift:		
100,-		269,	50	← Anfangsbestand / Endbestand					geprüft:		
				← Summen-Kontrolle					gebucht:		

Formularblöcke bzw. -bücher für Kassenbücher finden Sie im Schreibwarenhandel oder können Sie im Bürobedarf bestellen. Auch online gibt es inzwischen eine Reihe von Vorlagen zum Ausdrucken oder sogar eigene Kassensoftware, wenn das Kassenbuch umfangreicher wird.

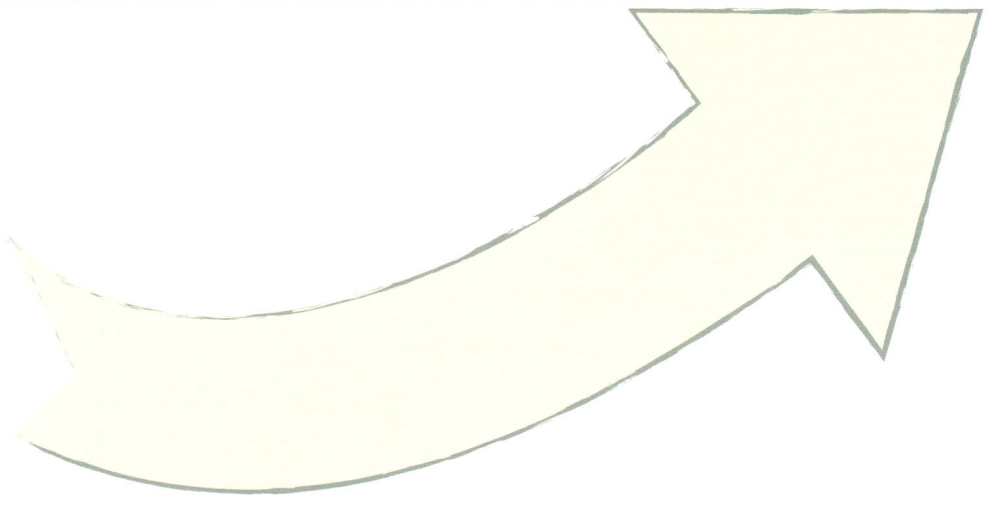

Wie Sie die Tabellen im Kassenbuch nutzen:

a. Versehen Sie jeden Eintrag mit dem aktuellen Datum. Auch sollten die Einnahmen und Ausgaben chronologisch erfasst werden.

b. Welcher Belegtyp liegt vor: Beleg oder Eigenbeleg?

c. Damit Sie den Beleg eindeutig identifizieren können, versehen Sie diesen mit einer Nummer, die auch ins Kassenbuch zur eindeutigen Identifikation übertragen wird.

d. Unter „Text" schreiben Sie den Verwendungszweck ein, wie etwa „Kursgebühr Longieren, Renate Meier, August bis September" oder „Geschirr Doggydog XS - Maike Käfer". Arbeiten Sie mit Mitarbeitern oder müssen Sie eine Inventur abschließen, dann ist es sinnvoll, sich von Beginn an um eine einheitliche Nomenklatur zu bemühen. Nennen Sie das Geschirr von Frau Käfer jedes Mal anders oder vergessen die Größe, so kann der Artikel nicht eindeutig identifiziert werden. Sie können in Ihrer Buchhaltung im Zweifel nicht einsehen, ob der Artikel gekauft, geklaut oder reklamiert wurde. Zu Beginn mögen Sie das alles im Kopf haben, da Sie als Allrounder Ihren Betrieb sehr gut kennen, aber sobald Mitarbeiter unterstützen, geben Sie ja bewusst Verantwortung und Arbeitsbereiche zu Ihrer Entlastung ab. Daher sollte eine Nomenklatur bestehen, um Kurse, Artikel usw. eindeutig zuordnen zu können.

e. Tragen Sie den Steuersatz ein. Bücher und Lebensmittel beispielsweise werden anders besteuert.

f. Auch sollte die Währung eindeutig identifiziert sein.

g. Tragen Sie zudem ein, ob es sich Ihrerseits um eine betriebliche oder eine private Ausgabe handelt. Beispiel: Sie nehmen sich 35 € aus Ihrer Kasse. Sie kaufen für 25 € im Baumarkt eine Agilityhürde. Zudem bekommen Sie noch schnell Hunger und nehmen sich an der Kasse eine Tüte Lakritz für 2 € mit. Nun wird es spannend und folgendes muss ersichtlich werden:

- Die Agilityhürde ist eine Betriebsausgabe. Dies wird vermerkt. Zudem ist diese mit 19 % Umsatzsteuer berechnet worden.
- Die Tüte Lakritz ist eine Privatausgabe, dies muss eindeutig in Ihrem Kassenbuch wiederzufinden sein. Gleichzeitig werden Lebensmittel nur mit 7 % besteuert. Auch das muss zu erkennen sein, für die spätere Berechnung.
- Auch fügen Sie das Restgeld wieder in die Kasse, dieses Mal jedoch als Einlage wieder zurück. Auch das muss durch Sie dokumentiert werden.

Gewöhnen Sie sich von Anfang an, Berufliches und Privates auf einem Bon voneinander zu trennen. Kaufen Sie Agilityhürden und Lakritze getrennt voneinander. Dann haben Sie alles schön voneinander getrennt und übersichtlich für Ihre Steuer.

h. Legen Sie private Einlagen in Ihre Kasse, werden auch diese aufgrund ihrer Herkunft hinterfragt. Jede Quelle muss bekannt sein. Wenn Sie zum Beispiel 100 € von der Bank abheben und diese in Ihre Barkasse legen, so muss auch dieser Zugang unter Einnahmen vermerkt werden. Umgekehrt vermerken Sie es als Ausgabe, wenn Sie aus der Barkasse Geld entnehmen, um es auf Ihr Konto einzuzahlen.

i. Zählen Sie täglich das Geld in Ihrer Kasse und vergleichen es mit Ihren Aufzeichnungen. Diese sollten auf den Cent genau übereinstimmen. Der Vorteil einer täglichen Überprüfung liegt darin, dass Ihnen Fehler zeitnah auffallen und diese auch meist eher reproduzierbar sind, als wenn 14 Tage dazwischen liegen.

j. Ändert sich der Monat, so wechseln Sie auf ein neues Kassenbuchblatt und schreiben den Monatsendbestand des Vormonats auf das neue Blatt. Dies sind Ihre neuen Ausgangswerte für den Monat.

k. Für jede betriebliche Ausgabe muss eine Rechnung/Quittung vorliegen. Fehlt Ihnen ein Beleg, müssen Sie dafür einen Eigenbeleg erstellen.

l. Sollten Sie Unregelmäßigkeiten bemerken, markieren Sie diese und besprechen sich direkt mit einem Buchhalter/Steuerberater, wie Sie damit umgehen sollen.

Schecks, EC-Kartenzahlungen und so weiter sind nicht im Kassenbuch aufzuführen. Sie werden gesondert über Ihr Konto bearbeitet. Sollten Sie eine Registrierkasse besitzen, so sind die Ausdrucke der Gesamtkassenstreifen und auch die Tagesendsummenbons aufzubewahren.

Auch, wenn diese Auflistung nun recht lang wirkt, ist sie dennoch recht einfach nachzuvollziehen und Sie wissen immer, was in Ihrer Kasse so los ist. Beachten Sie diese Punkte genau, werden Sie entspannt schlafen können und es wird eine korrekte Bearbeitung und Anerkennung Ihrer Daten durch den Steuerberater und das Finanzamt möglich sein.

Übrigens ist die korrekte Form der Kassenbuchführung auch in unseren Gesetzen verankert.

- Die Nachvollziehbarkeit Ihrer Aufzeichnungen
  Rechtsgrundlage: § 238 Abs. 1 Satz 2 HGB

- Die zu führende Form § 239 Abs. 2 HGB und § 146 Abs. 1 Satz 1 AO

- Sie unterstehen einer (lesbaren!) Aufbewahrungspflicht von 10 Jahren § 257 Abs. 4 HGB

- Ihre tägliche Überprüfung ist im Gesetz zusätzlich verankert
  § 146 Abs. 1 Satz 2 AO

Aus Ihrem gut geführten Kassenbuch besteht dann Ihr Kassenbericht, den Sie Ihrem Finanzamt oder Ihrem Steuerberater überlassen.

Ändert sich doch mal etwas, wie etwa, dass sich ein Fehler eingeschlichen hat, streichen Sie den falschen Part ordentlich durch, korrigieren den Text und unterschreiben direkt daneben mit Datum.

> ... und es kommen noch ein paar Anforderungen auf Sie zu.
> **§ 146 Abs. 2 AO** (Abgabenordnung) ➡ Kasseneinnahmen und -ausgaben sollen jeden Tag aufgezeichnet werden.
> **§ 147 AO** (Abgabenordnung) ➡ Aufbewahrungspflichten von geschäftlichen Unterlagen
> **§ 257 Abs. 1 Nr. 4 und Abs. 4 HGB** (Handelsgesetzbuch) ➡ Ihr Kassenbuch muss 10 Jahre aufbewahrt werden.
> **§ 14b UStG** (Umsatzsteuergesetz) ➡ Pflicht zur Aufbewahrung Ihrer Rechnungen
> **§ 22 UStG** ➡ Aufzeichnungspflichten eines Unternehmers in Bezug auf die Umsatzsteuer

Wenn Sie es richtig gut machen möchten, erstellen Sie ein Kassenzählprotokoll. Sie erstellen eine kleine Tabelle aus zwei Spalten. Links vermerken Sie in den Zeilen die Münzen und Scheine, die es in Ihrer Währung gibt. Rechts vermerken Sie die Anzahl der jeweiligen Münzen. Es darf keine Differenz bestehen und ein Minus sollte natürlich auch nicht vorkommen.

Wert	Anzahl	Summe
0,01 EUR	5	0,03 EUR
0,02 EUR	3	0,04 EUR
0,05 EUR	6	0,25 EUR
0,10 EUR	2	0,40 EUR
0,20 EUR	12	2,00 EUR
0,50 EUR	10	1,50 EUR
1,00 EUR	5	9,00 EUR
2,00 EUR	9	16,00 EUR
5,00 EUR	10	25,00 EUR
10,00 EUR	5	20,00 EUR
20,00 EUR	1	60,00 EUR
50,00 EUR	2	50,00 EUR
100,00 EUR	0	200,00 EUR
200,00 EUR	1	0,00 EUR
500,00 EUR	0	0,00 EUR
Kassenbestand:		384,22 EUR

Besprechen Sie mit Ihrem Finanzamt, wie oft und zu welchen Fristen(!) Sie Ihre Kassenbücher und allgemein Ihre Konten zur weiteren Bearbeitung einreichen sollten. Seien Sie streng mit sich und machen Ihre Unterlagen fristgerecht und pünktlich fertig.

Mit Karte zahlen

Neben einer Barabrechnung können Sie Ihren Kunden auch Kartenterminals anbieten, sodass Ihre Kurse oder die Einkäufe Ihrer Kunden bei Ihnen direkt per EC bezahlt und Ihrem Geschäftskonto gutgeschrieben werden können. Technisch ist dies mittlerweile kein Problem mehr, alles mit einem Gerät abzurechnen. Es gibt Firmen, die sich darauf spezialisiert haben, wie etwa SumUp. Durch eine integrierte SIM-Karte haben Sie eine gute Verbindung und benötigen kein WLAN, Handy oder Ähnliches. Auch lassen sich Mitarbeiteraccounts einrichten und bei den einen oder anderen Anbietern gibt es auch Trinkgeldfunktionen.

Apropos Trinkgeld: Sicherlich werden Sie oder Ihre Mitarbeiter das eine oder andere Mal auch ein Trinkgeld bekommen. Wie geht man nun damit um? Denn ist es steuerlich zu beachten oder nicht? Folgendes sollten Sie berücksichtigen:

Erhalten Sie selbst – als Unternehmer – ein Trinkgeld, so ist das stets als Betriebseinnahme zu berücksichtigen. Bekommt Ihr Mitarbeiter, der als Arbeitnehmer bei Ihnen angestellt ist, ein Trinkgeld, so ist dies unter gewissen Voraussetzungen steuerfrei (Stand 2019).

Sie selbst erhalten ein Trinkgeld

Sie als Unternehmer dürfen ein Trinkgeld nicht an der Steuer vorbeiführen. Erfassen Sie Trinkgelder stets als Betriebseinnahmen. Dies gilt auch für Hundetrainer, die bei Ihnen vielleicht aushelfen, aber selber selbstständig sind und Ihnen Ende des Monats eine Rechnung stellen. Auch dies unterliegt der Steuerpflicht.

Nicht nur die Betriebseinnahmen werden dadurch erhöht, sondern das Trinkgeld stellt auch ein umsatzsteuerpflichtiges Entgelt dar. Das Thema Trinkgeld ist übrigens bei einer Betriebsprüfung kein Nebenschauplatz, sondern es unterliegt einem wichtigen Fokus – gerade, wenn Sie als Chef persönlich Kurse geben. Also spielen Sie mit offenen Karten und bauen Sie Ihren Betrieb von Anfang an korrekt auf, sodass keine fiktive Zuschätzung auf Sie zukommt oder noch schlimmer ein Tatbestand einer Steuerhinterziehung auf Sie zurückfällt.

Schauen wir uns den Arbeitnehmer an:

Laut § 19 EStG gehören Zuwendungen eines Dritten (also der Kunde gibt dem Mitarbeiter ein Trinkgeld) als Vorteile zum Arbeitslohn. 2002 ergab sich eine Änderung, die in § 3 Nr. 51 EStG zu finden ist. Seitdem sind Trinkgelder von der Einkommensteuer befreit. Somit besteht eine Trennung zwischen Arbeitslohn und einem geschenkten Trinkgeld. Allerdings müssen nach Gesetz ein paar Spielregeln dabei beachtet werden:

- *Hundehalter geben dem Hundetrainer ein Trinkgeld, wenn er mit der Leistung zufrieden war. Es ist also auch eine Art der Anerkennung. Diese Leistung ist an den Mitarbeiter gebunden – sonst würde der Kunde ja uns selbst oder einem anderen Mitarbeiter das Trinkgeld geben. Bekommt der Mitarbeiter das Trinkgeld also selbst ausgehändigt durch den Hundehalter, ist es steuerfrei. Würden Sie das Trinkgeld hingegen annehmen und es an Ihren Mitarbeiter weiterreichen, geht nach dem Gesetz die persönliche Beziehung zwischen Hundehalter und Trainer – also die persönliche Anerkennung – verloren. Daraus resultiert Steuer- und Sozialversicherungspflicht. Dasselbe gilt übrigens für ein aufgestelltes Sparschwein, also ein Trinkgeldpool. Dies wird gerne aufgestellt und nach einiger*

Zeit „geschlachtet", um den gesammelten Trinkgeldbetrag unter allen Mitarbeitern zu teilen. Auch hier greift, aufgrund derselben Argumentation wie oben, die Steuer- und Sozialversicherungspflicht.

- Damit Trinkgeld für den Arbeitnehmer weiterhin steuerfrei ist, muss es als zusätzliche Leistung gezahlt werden. Der Mitarbeiter erhält also seinen Lohn weiterhin vom Arbeitgeber und zusätzlich das Trinkgeld vom Hundehalter persönlich.

- Als dritter Punkt sei noch erwähnt, dass Trinkgelder nur dann steuer- und sozialversicherungsbefreit sind, wenn diese freiwillig vom Hundehalter gezahlt wurden. Dies betrifft Sie als Hundetrainer meist nicht wirklich, da Sie Ihre Kunden sicherlich nicht zu Trinkgeldern nötigen werden. Eröffnen Sie in Ihrer Hundeschule jedoch noch ein Café, sollten Sie bedenken, dass ein Mitarbeiter ein Anrecht auf Bedienungszuschläge hat.

Auch der Hundehalter kann Vorteile durch die Gabe eines Trinkgeldes haben, und zwar wenn er selbst Unternehmer ist. Es kann also gut sein, dass ein Trainer-Kollege in Ihrer Hundeschule einen Kurs mit seinem Hund besucht. Sein Hund gehört mit zu seinem Betrieb. Somit wird er Ihre erstellte Rechnung bei seinem Finanzamt einreichen können. Gibt er Ihnen nun ein Trinkgeld, kann er auch das als Betriebsausgabe einreichen. Dazu muss jedoch nachgewiesen werden, dass er in Ihrem Betrieb ein Trinkgeld gelassen hat. Hierzu sollten Sie ihm eine Quittung über das Trinkgeld ausstellen. Auch kann auf der ausgestellten Rechnung zusätzlich der Betrag des on top gezahlten Trinkgeldes quittiert werden. Dies wird dann mit Datum und Unterschrift bestätigt.

Rechnungen erstellen

Selbstverständlich können Sie Ihren Kunden auch Rechnungen stellen, die dann bequem auf Ihrem Geschäftskonto beglichen werden können. Sie können sich ein eigenes Rechnungsformular auf Ihrem Rechner erstellen, so haben Sie direkt eine Vorlage. Sie müssen sich an gewisse Pflichtangaben bei der Erstellung von Rechnungen halten, damit Ihre Rechnung von Ihrem Finanzamt auch anerkannt wird. Die Pflichtangaben werden durch das Umsatzsteuergesetz vorgegeben.

- Erstellen Sie zunächst ein Rechnungsformular, auf dem der Empfänger den Namen und Ihre Rechtsform erkennen kann. Ebenso sollte die vollständige Anschrift Ihres Unternehmens erkennbar sein. Hierzu empfehlen wir auch Ihre Emailadresse und Ihre Homepage. Sollten Sie ein Logo haben, können Sie dies im Formular einbauen. Letzteres ist zwar keine Pflicht, aber zu Wiedererkennungszwecken und im Sinne Ihres professionellen Auftretens ist es zu empfehlen.

- Tragen Sie Ihre Bankdaten ein, sodass Ihr Kunde auch direkt überweisen kann.

- Sind Sie ein umsatzsteuerpflichtiges Unternehmen und kein Kleinunternehmen, so müssen Sie Ihre Umsatzsteuer-Identifikationsnummer auf der Rechnung angeben. Diese Nummer erhalten Sie durch Ihr Finanzamt. Fallen Sie unter die Kleinunternehmerregelung, geben Sie lediglich Ihre Steuernummer auf der Rechnung an.

- Jede Rechnung muss ein Rechnungsdatum besitzen.

- Zudem sollten Sie auf jeder Rechnung eine fortlaufende Rechnungsnummer eintragen. Somit ist Ihre gestellte Rechnung eindeutig identifizierbar und kann durch eine dritte Person, wie etwa Ihren Steuerberater, gut zugeordnet werden. Es bietet sich auch an, den Kunden zu bitten, diese Rechnungsnummer bei der Überweisung direkt mitanzugeben. So fällt Ihnen die Zuordnung leicht und schnell. Führen Sie dies von Anfang an professionell ein, auch, wenn der Rechnungsberg sich zu Beginn noch im Rahmen hält. Wird es mehr und Sie stellen Ihr System erst dann um, müssen sich Kunden umgewöhnen und das klappt meist spärlich …

- Geben Sie den Namen, die Dienstleistung oder Ware an. Vergessen Sie nicht die Mengenangabe, wenn Ihr Kunde drei Halsbänder gekauft hat. Auch hier ist eine eindeutige Identifikation sinnvoll, umso mehr Zeit sparen Sie, wenn alles einen einheitlichen Namen hat.

- Tragen Sie zudem den Zeitpunkt der Lieferung beziehungsweise den Zeitraum der Dienstleistung ein, damit auch dies eindeutig zu identifizieren ist.

- Nun kommt noch ein wichtiger Punkt. Stellen Sie die Umsatzsteuer noch aus. Diese muss klar getrennt sein, sodass der Kunde netto und brutto gut erkennen kann. Fallen Sie unter die Kleinunternehmerregelung, erheben Sie keine Umsatzsteuer. Dies müssen Sie auf der Rechnung kenntlich machen. Sie können einen Satz einfügen, wie: „Im ausgewiesenen Rechnungsbetrag ist gemäß § 19 UStG keine Umsatzsteuer enthalten."

- Teilen Sie das Zahlungsziel schriftlich mit, also, bis wann sich der Betrag auf dem Konto einfinden muss.

Sie können die Rechnung per Post schicken oder auch per Email. Letzteres spart Ressourcen und Kosten. Hier sei am Rande noch mal erwähnt, dass Sie eine

Wie wähle ich die fortlaufenden Rechnungsnummern aus?

Wichtig ist, dass die Rechnungsnummer innerhalb des Geschäftsalltags einmalig vergeben wird. Überlegen Sie sich ein logisches System. Dieses müssen Sie bei Bedarf auch rechtfertigen. Eine Möglichkeit könnte sein, dass Sie mit dem entsprechenden Jahr arbeiten:

2020 – 00001
2020 – 00002
2020 – 00003

usw. Auch dürfen Sie Buchstaben nehmen. Wichtig ist dem Finanzamt nur, dass ein System hinter Ihren Rechnungen steckt.

professionelle Mailadresse haben sollten, wie: *Hundeschule@ziemer-falke.de,* also eine, die Ihren Betrieb präsentiert. Private Adressen, wie schnullibulli23@ … sollten nicht an Ihren Kunden weitergeleitet werden. Früher war es so, dass der Versand einer digitalen Rechnung nur zulässig war, wenn eine elektronische Signatur vorlag. Dies ist heute nicht mehr der Fall und Sie dürfen die Rechnung auch per Mail senden.

Hin und wieder kann es sein, dass Sie eine Rechnung stornieren müssen. Dies kann sein, weil der Kunde doch zurücktritt, sich ein Tippfehler auf der Rechnung eingeschlichen hat, der falsche Kurs berechnet wurde oder, oder … Nun müssen Sie zwei Dinge erledigen:

- Stornieren Sie die falsch erstellte Rechnung. Bei der Storno-Rechnung beachten Sie bitte, dass diese Rechnung nun über den exakt falschen Betrag ausgestellt werden muss, der auch auf der „falschen Rechnung" ausgewiesen wurde. Hier muss jedoch ein Minus vor den Betrag gesetzt werden. Damit haben Sie die verkehrt ausgefüllte Rechnung neutralisiert. Auch die Storno-Rechnung bekommt eine eigene Nummer, wie die normalen Rechnungen auch. Sowohl die falsche Rechnung als auch die Storno-Rechnung werden in Ihrer Buchhaltung lückenlos dokumentiert und abgeheftet/gespeichert.

- Erst jetzt stellen Sie eine neue Rechnung über den korrekten Betrag aus, eine ganz normale Rechnung also.

Sicherlich haben Sie ein (privates) Bankkonto. Wir empfehlen Ihnen aber, dass Sie von Beginn an ein separates Firmenkonto eröffnen. So trennen Sie geschäftlich und privat voneinander. Sie können so einen schnelleren und direkteren Überblick über Ihre privaten Einnahmen und Ausgaben haben. Auch unterstützt dies bei einer realistischen Wahrnehmung seines Betriebes.

Daraus ergibt sich, dass Sie für einen Ablauf drei Rechnungen vorliegen haben. So ist es für das Finanzamt nachvollziehbar.

Wenn Ihre erstellten Rechnungen überwiesen wurden, heften Sie den Beleg an die Rechnung und buchen Sie diese. Gewöhnen Sie sich das direkt tagesaktuell an, dann kommen Sie nicht in Verzug. Einmal täglich und die Arbeit ist schnell gemacht.

Erfolgreich auch im Ausland

Je nachdem, wo sich Ihre Hundeschule befindet, kann es sein, dass Sie auch von Hundehaltern mit Hunden aus dem Ausland konsultiert werden. Dies ist wichtig für Sie, denn andere Länder, andere Sitten beziehungsweise steuerliche Regelungen. Vorab sollten Sie Ihren Steuerberater informieren und nachfragen, welche Regeln nun speziell für dieses Land individuell zu beachten sind. Dies kann von Fall zu Fall unterschiedlich sein.

Stellen Sie eine Rechnung ins europäische Ausland, greift das Reverse-Charge-Verfahren. Hierbei wird die Umsatzsteuer fällig, aber diese wird nicht von Ihnen einbezogen, sondern der Kunde zahlt diese direkt an sein Finanzamt in seinem Land. Bitte beachten Sie, dass Sie dazu eine Meldung an Ihr Finanzamt geben müssen, dass eine Transaktion mit dem jeweiligen EU-Land stattgefunden hat.

Mahnungen

Hin und wieder kommt es vor, dass der eine oder andere Kunde seine Rechnung nicht begleicht. Das ist meist ein unangenehmes Thema, sowohl für Sie als auch für Ihren Kunden. Es steckt immer eine Ursache dahinter, daher überlegen Sie, wie Sie mit einer solchen Situation umgehen möchten. Schreibt man nun eine Mahnung, wartet man noch ab? Hmmm, dabei ist der Kunde ganz nett, der zahlt bestimmt noch. Soll ich das ansprechen oder nicht?

Allein schon diese Gedanken können einen ganz schön konfus machen – und Kraft rauben. Überlegen Sie sich einen Plan, wie Sie damit umgehen wollen. Eine Teilnehmerin von uns hat das mal sehr schön beschrieben. Sie ist Hundetrainerin durch und durch, liebt ihre Kunden und hasst Situationen, wenn nicht gezahlt wird. Allein dafür hat Sie sich eine Buchhalterin eingestellt, die sich um die Rechnungen und auch die pünktlichen Zahlungen kümmert. Die Hundetrainerin erzählte uns, dass es ein sehr befreiendes Gefühl ist, dass sie selbst den Kunden nicht hinterherlaufen muss, da sie eine hohe emotionale Bindung zu ihren Kunden aufbaut, sondern diesen Part nun

jemand übernimmt, der die Kunden nicht persönlich kennt und diese Situation neutraler werten kann. Dies soll nicht heißen, dass die Buchhalterin eine unterkühlte Geldeintreiberin ist, sondern hier eine vermittelnde Funktion übernimmt, die allen Beteiligten hilft. Meist ist das Thema dann unkompliziert vom Tisch. Vielleicht ist dieser Tipp auch etwas für Sie!

Ob nun über Sie persönlich oder Ihre Mitarbeiter, dennoch darf der nicht zahlende Kunde an die erstellte Rechnung erinnert werden. Sie können ihm

- eine Zahlungserinnerung schicken – das klingt meist netter als Mahnung. Es muss ja auch nicht immer eine böse Absicht dahinterstecken, dass nicht überwiesen wurde – Hand aufs Herz, jeder von uns hat bestimmt schon mal vergessen, eine Rechnung zeitnah zu überweisen. Machen Sie sich auch keine Sorgen, sowohl die Mahnung als auch die Zahlungserinnerung haben vor Gericht denselben Wert. Beachten Sie, dass eine neue Zahlungsfrist festgelegt werden muss und Sie müssen schriftlich darauf hinweisen, dass der Kunde das Zahlungsziel überschritten hat.

- Eine Mahnung können Sie schreiben, sobald die gesetzte Zahlungsfrist aus der Rechnung abgelaufen ist oder eben nach der Zahlungserinnerung. Üblich sind in Deutschland drei Mahnstufen:

    a. Erste Mahnung:
    Die Mahnung muss als Mahnung erkennbar sein, schreiben Sie dies leserlich (groß/ fett) auf Ihr Mahnschreiben. Auch darf die wieder erneute Frist nicht fehlen. Nehmen Sie auch Bezug auf die ursprüngliche Rechnung, indem Sie die Rechnungsnummer angeben.

    b. Bei der zweiten Mahnung wiederholen Sie das Spielchen der ersten Mahnung, allerdings verkürzen Sie das neue Zahlungsziel.

    c. Dies sollte die letzte Mahnung sein. Nach der „same procedure as every year …" sollten Sie anschließend auch ernst machen. Überlegen Sie, ob Sie noch weiter mit diesem Kunden zusammenarbeiten wollen und schalten Sie einen Anwalt ein, der Sie unterstützt.

Es empfiehlt sich – zumindest die letzte Mahnung – per Einschreiben zu senden. Dann haben Sie von Ihrer Seite her alles getan. Lassen Sie die weitere Korrespondenz über Ihren Anwalt oder ein Inkassobüro laufen. Letzteres ist oft günstiger für Sie, sofern Sie vereinbart haben, dass ein Honorar nur im Erfolgsfall gezahlt wird. Stoppen Sie noch ausgemachte Trainingseinheiten mit Ihrem Kunden, bis die Zahlungen an Sie erfolgt sind.

Beachten Sie: Sobald Ihr Kunde in Verzug gerät, haben Sie Anspruch auf Verzugszinsen und Mahngebühren. Diese setzen sich im Handel mit Geschäftskunden aus dem Gesamtbetrag zusammen, der mit 8 % versehen wird. Bei Privatkunden – was in den meisten Fällen unsere Kunden der Hundeschule sind, berechnet man um die 5 %.

Möchten Sie noch keinen Anwalt einschalten, können Sie ein gerichtliches

Mahnverfahren einleiten. Beim Amtsgericht vor Ort können Sie einen Mahnbescheid beantragen. Ihr Kunde bekommt diesen zugestellt und muss sich äußern. Widerspricht er diesem Mahnbescheid, sollten Sie dann aber wirklich einen Anwalt kontaktieren.

Viele Hundetrainer haben Angst vor diesen Schritten, da sie Sorge haben, dass der Kunde schlecht über sie als Trainer spricht oder sie sich überhaupt in diesen Konflikt begeben müssen. Allerdings wird das Ertragen von solchen Kunden auf Dauer nicht gut gehen, weil sie Zeit und Energie rauben und dazu führt, dass Sie sich schlecht fühlen, worunter Ihr Wissen und Ihre Leistung leiden und so weiter – und was bekommen Sie? Ein Magengeschwür!

Die Leute reden weder besser noch schlechter über Sie – zumal Sie sich direkt schon daran gewöhnen können, dass die Leute immer und gerne sprechen. Das können Sie eh nicht steuern. Überlegen Sie, ob es Ihnen mit oder ohne diese Kunden besser geht! Oft ist ein Ende mit Schrecken besser als ein Schrecken ohne Ende.

Die Aufbewahrungspflicht

Sie sind verpflichtet, Ihre erstellten Rechnungen aufzubewahren, auch, wenn diese schon längst durch Ihren Kunden überwiesen wurden. Es gibt eine sogenannte Verjährungsfrist in Deutschland, die drei Jahre beträgt. Interessant dabei ist, dass die Frist nicht mit Erstellung der Rechnung beginnt, sondern mit dem Zeitpunkt, als die Leistung erbracht wurde, also zum Beispiel mit Start Ihres Welpenkurses. Zudem gilt, dass die sogenannte Verjährungsfrist immer am 1. Januar anfängt. Hierzu ein Beispiel:

- Ein Hundehalter ruft Sie an und möchte sich über Ihren Junghundekurs informieren. Dies macht er im April 2019 des Jahres. Er meldet sich bei Ihnen im selben Monat an.

> *Sprechen Sie vor jeder größeren Aktenvernichtung mit Ihrem Steuerberater. Wenn Sie unsicher sind, können Sie bei Ihrem Finanzamt nachfragen. So sind Sie auf der sicheren Seite.*

- Der Kurs beginnt im Juni desselben Jahres. Der Kurs endet Ende September 2019.

- Die Verjährungsfrist beginnt nun am 01. Januar 2020 und endet am 01. Januar 2024.

Als selbständiger Hundetrainer, egal ob Kleinunternehmer oder nicht, bewahren Sie alle Rechnungen zehn Jahre lang auf. Sie unterliegen einer Aufbewahrungspflicht. Dies gilt generell für Ihre eingehenden und ausgehenden Rechnungen. Sie müssen Ihre Geschäftsunterlagen für zehn Jahre verfügbar halten. Diese steuerrechtlichen Aufbewahrungsfristen sind in der Abgabenordnung (AO) geregelt. Auch sollten Sie sich mit dem Handelsgesetzbuch (HGB) auseinandersetzen, das auch einige Vorschriften parat hält. Natürlich gibt es noch einige Gesetze oder Verordnungen neben der AO und dem HGB bei speziellen Berufen, die Sie zur Buchhaltung verpflichten. Das Wichtigste für Sie sei aber hier zusammengefasst, nämlich, dass Sie als Hundetrainer zu einer sechs- oder zehnjährigen Aufbewahrungsfrist verpflichtet sind.

Eine sechsjährige Aufbewahrungspflicht gilt zum Beispiel für:

- Geschäftskorrespondenzen / Handelsbriefe – dabei spielt es keine Rolle, ob Sie diese empfangen haben oder selbst welche geschrieben haben. Beides muss aufbewahrt werden

- Weitere steuerrelevanten Unterlagen, die nicht unter die zehnjährige Frist fallen

Eine zehnjährige Aufbewahrungspflicht gilt zum Beispiel für:

- Ihre Buchungsbelege aus der Hundeschule, wie Rechnungen, Kontoauszüge, Kassenbuchbelege, Quittungen, Schecks, Eigenbelege, Saldenlisten, Gehälter und Lohnabrechnungen, Steuerbescheide, Auftragszettel, Lieferscheine, Urkunden, Reisekostenabrechnungen, Warenbestandsaufnahmen usw.

- Eröffnungsbilanzen und Jahresabschlüsse

Führen Sie Mitarbeiter, gibt es noch eine zweijährige Aufbewahrungspflicht, die bei Ihnen von Bedeutung sein könnte, sollten Sie geringfügig beschäftigte Mitarbeiter in Ihrem Betrieb eingestellt haben. Sie sind seit 2015 als Arbeitgeber dazu verpflichtet, die Arbeitszeiten von bestimmten Gruppen von Arbeitnehmern zu dokumentieren. Diese Aufzeichnungen müssen über zwei Jahre dokumentiert werden. Verstöße können mit einem Bußgeld von 30.000 € geahndet werden.

Geschäftskonto – ja oder nein?

Wir empfehlen Ihnen: ja, legen Sie sich ein gesondertes Geschäftskonto unabhängig von Ihrem Privatkonto an. Werfen wir aber zuerst einen Blick auf die rechtliche Lage, ob Sie eines haben müssen – oder eins haben wollen.

Weder das Finanzamt noch der Gesetzgeber verpflichten Sie, ein Geschäftskonto zu führen. Das bedeutet auch, dass das Finanzamt nicht meckert, wenn geschäftliche Buchungen auch über das Privatkonto laufen. Zur Pflicht wird dieses erst, wenn Sie eine Kapitalgesellschaft gründen, also eine GmbH, UG, eG, eV o. Ä.. Das hat damit zu tun, dass diese Formen vor dem Gesetzgeber als juristische Personen gelten, eben mit allem Drum und Dran, also Geschäftsfähigkeit und entsprechender Rechtsverantwortung.

Auch die Banken haben ein Mitspracherecht. Schauen Sie sich mal die AGB Ihrer Banken an. Dort findet man deren Bestimmungen, ob die Bank erlaubt, dass geschäftliche Belange über das Privatkonto abgewickelt werden dürfen. In vielen Fällen ist dies nicht gestattet. Der Aufwand der Kontoführung steigt natürlich mit florierendem Geschäft. Dies bedeutet ein Mehraufwand, auf den die Bank natürlich reagieren wird. Hinzu kommt, dass das BGB den Banken selbst wiederum Auflagen auferlegt, die einen gesonderten Umgang zwischen Geschäft- und Privatkunden fordert. Es kann gut sein, dass Ihre Bank die Führung eines Kontos für private und geschäftliche Bewegungen erst einmal nicht beanstandet, aber es wird der Tag kommen, an dem Sie sich ein zweites Konto anschaffen müssen, weil der Aufwand einfach zu groß ist.

Allein schon aus dem Grund – weil es wirklich auf Sie zukommen wird – sollten Sie zu Beginn ein Geschäftskonto eröffnen. Sie haben damit von Anfang an die Möglichkeit, eine saubere Trennung zwischen beruflichen und privaten Ein- und Ausgaben zu kontrollieren. Zudem stellt ein

Kontowechsel im laufenden Geschäft wieder einen erheblichen Mehraufwand dar:

- Sie müssen Ihren Kundenbestand über die Änderung Ihrer Kontodaten informieren.

- Sie müssen Ihren Briefkopf ändern – dies ist besonders ärgerlich, wenn Sie noch 2000 Formulare auf Halde liegen haben, die nun zum Altpapier geworden sind.

- Sie müssen umbuchen, wenn Einnahmen auf ein falsches Konto eingehen.

Schauen wir uns die üblichen Unterschiede zwischen einem Privat- und einem Geschäftskonto an:

Privatkonto	*Geschäftskonto*
Meist günstiger oder kostenlos	Meist teurer, aufgrund von • Kontoführungsgebühren • Belastung einzelner Buchungen Auch gibt es Ausnahmen, dass es kostenlose Geschäftsgirokonten gibt.
Dispokredit möglich	Kein Dispokredit möglich – es muss ein Kontokorrentkredit ausgehandelt werden
Wenig Zinsen	Teilweise bieten Banken Zinsen auf das Guthaben
	Teilweise Eröffnung eines privaten Unterkontos möglich

Vergleichen Sie daher vor der Eröffnung eines Kontos ruhig mehrere Angebote miteinander.

Die spannende Frage ist nun: Was sind die Vorteile der Nutzung eines Geschäftskontos für Sie als Hundetrainer?

Den Aufwand zur Kontoführung und auch die Buchungskosten können Sie steuerlich geltend machen. Schauen Sie zudem, welche positiven Vorteile ein Geschäftskonto für Sie noch bezüglich Ihrer Buchhaltung mit sich bringt:

- Ihre Buchungen können eindeutig zugeordnet werden. Sie müssen bei der Überprüfung Ihrer (Online-)Kontoauszüge nicht erst überlegen, ob es sich um eine private oder geschäftliche Buchung handelt. Das spart Zeit und verringert die Fehlerquote.

- Zudem sehen Sie auf einen Blick, welche Kosten Ihr Betrieb Ihnen verursacht und welche Einnahmen Sie erwirtschaften. Sie werden schnell merken, ob sich Ihr Vorhaben lohnt. Hätten Sie beispielsweise nur ein Privatkonto und dort sparen Sie bereits seit Jahren und haben

20.000 € auf diesem gesammelt, so würde es nicht so leicht auffallen, wenn Sie Verluste fahren, die Sie aber durch Ihr gespartes Vermögen auffangen können. Dies veranlasst Sie noch nicht so schnell, Ihren Betrieb auf die Umstände anzupassen, entweder durch Verringerung der Ausgaben oder durch Modifizieren des Kursangebotes für Ihre Kunden. Somit verlieren Sie mehrere, wertvolle Monate, in denen Sie eigentlich handeln müssten.

- Durch die klare Trennung passen die Belege zum Konto. Dies erleichtert Ihren Finanzüberblick. Auch ist das Sortieren der Belege einfacher. Übrigens auch später für das Finanzamt. Es erhält Ihre betrieblichen und steuerlich relevanten Angaben, aber eben nicht die Quittung aus dem Schuhgeschäft ihrer neuen Pumps, die nichts mit Ihrem Betrieb zu tun haben werden.

- Vergessen Sie auch nicht, dass Sie sich schützen können. Alles, was auf Ihrem Geschäftskonto eingeht, ist vor der Steuer – folglich: Halten Sie sich immer einen Puffer für Steuern zurück. Investieren Sie nicht über Ihre Verhältnisse hinaus. Die nächste Steuererklärung kommt bestimmt und dann benötigen Sie das Geld. Würden Sie dieses dann privat nutzen, wäre es für wichtige Ausgaben wie Steuern eben weg. Das führt zu Problemen, da das Finanzamt meist wenig Spielraum geben kann, wenn wir die Steuern nicht begleichen können. Eröffnen Sie ein getrenntes Privatkonto und zahlen Sie sich darauf auch Ihr Gehalt ein (Achtung, Einkommensteuer), verwalten Ihr Spargutaben und so weiter. Das Geld steht Ihnen zur freien Verfügung und limitiert Sie somit auch.

Ihr eigenes Gehalt

Fangen Sie von Beginn an, sich ein eigenes Gehalt zu zahlen – von Ihrem Geschäftskonto auf Ihr Privatkonto. Sie lernen so unheimlich effektiv, was Sie im Monat benötigen und erwirtschaften müssen. Natürlich können Sie sich zu Beginn nicht das auszahlen, was Sie vielleicht vorher in einem Vollzeitjob verdient haben. Darum geht es aber nicht, sondern eher darum, die Regelmäßigkeit und den Maßstab zu finden, ob das, was Sie langfristig verdienen, auch mit dem übereinstimmt, was Sie an Leistung einbringen.

Überlegen Sie sich einen festen Betrag, der monatlich von Ihrem Geschäftskonto auf Ihr Privatkonto überwiesen werden soll. Machen Sie ruhig einen Jahresplan mit Aussicht auf die nächsten Monate, etwa:

Gehalt 1. bis 6. Monat – 500 € pro Monat

Gehalt 7. – 12. Monat – 1000 € pro Monat

Gehalt 13. – 18. Monat 1500 € pro Monat

...

Um zu planen, was Sie sich pro Monat selbst überweisen können, sollten Sie einen kleinen Plan erstellen. Schreiben Sie alle Abbuchungen und Daueraufträge – also alle Fixkosten – pro Monat raus. Je nach Abbuchungsvariante ist es sinnvoll, dies direkt für ein Jahr zu machen, da einige Fixkosten nicht nur monatlich, sondern auch pro Quartal oder ganzjährig abgebucht werden. Neben Tanken, Einkauf, Miete, Versicherung, Haushalt, Luxus, Kreditkartenausgaben, Sparverträge nehmen Sie auch noch Mitgliedschaften und Ihre Rücklagen ins Visier. Errechnen Sie Ihre Fixausgaben. Berechnen Sie dann auch noch, was auf dem Geschäftskonto unbedingt liegen bleiben muss zwecks Vorsteuer und so weiter.

Legen Sie Ihr Gehalt fest und schaffen Sie zudem Rücklagen – überlegen Sie gut, welche Ausgaben jetzt wirklich sein müssen. Oft sind Gründer erschrocken, wenn sich nach gut zwei bis drei Jahren der Erfolg so einstellt, dass sich das Finanzamt meldet und ab nun steuerliche Vorauszahlungen für das nächste Jahr und auch höhere Einkommensteuer erhoben werden.

Markieren Sie in Ihrem Kalender Zeiten, in denen Sie regelmäßig Ihre Finanzplanung durchgehen. Sie merken, dass es bereits am Anfang Ihrer Karriere schon ziemlich bunt im Kalender wird. Aber so vergessen Sie nichts und können den Kopf für wichtige Dinge freihalten.

Die Abbuchung auf Ihr Privatkonto, also Ihr Gehalt, nennt man Privatentnahme. In den ersten Jahren der Selbständigkeit ist man oft damit zufrieden, dass die Kosten gedeckt sind. Luxus, wie Urlaub, private Anschaffungen und so weiter kommen erst später hinzu. Daher ist es absolut in Ordnung, wenn man mit kleinen Beträgen anfängt, sich aber nicht verleiten lässt, doch mal das Geschäftskonto zu nutzen, weil es gerade mal (!) üppiger gefüllt ist als das private Konto. Der Cashflow auf dem Geschäftskonto sollte immer fließen. Freuen Sie sich über den guten Verlauf, aber geben nicht gleich alles auf.

Übrigens ist es immer mal wieder (Streit-)thema, wenn sich Frau oder Mann als Hundetrainer selbständig machen und aus ihrem Hobby einen richtigen Beruf machen wollen. Die Partner unterstützen häufig mit und finden das Vorhaben auch gut – allerdings kommt immer mal der Tag der Tage, an dem (mehr oder weniger vorsichtig) nachgefragt wird, was in die gemeinsame Haushaltskasse einfließt. Gerade, wenn der Partner nun in den ersten Zeiten der Selbständigkeit mehr rudern muss und die größere finanzielle Leistung bringt, bis die Hundeschule richtig läuft. Kann man nun den Plan vorlegen und gemeinsam mit dem Partner abstimmen, wie viel Gehalt nun monatlich überwiesen wird, umgeht man unnötige Streitereien.

Interessant ist, dass nur Sie entscheiden, wieviel Geld Sie verdienen. Es gibt einen schönen Spruch, der besagt: „Wir bekommen nicht das, was wir verdienen, sondern das, was wir verhandeln." Treffer, versenkt! Sie allein entscheiden, was nun für Sie wichtiger ist:

- Nehmen Sie erst einmal das Minimum, um die Kosten zu decken oder setzen Sie die Messlatte doch schon ein kleines bisschen höher, um sich anzuspornen, auch mehr zu verdienen?

- Oder nehmen Sie nach Abzug (Ausgaben, Steuern usw.) das von Ihrem Geschäftskonto zusätzlich runter, was übrig ist?

- Möchten Sie mehr auf Ihr privates Konto überweisen, damit Sie dort eine Rücklage aufbauen können, um in schlechten Zeiten wieder Einlagen auf dem Geschäftskonto zu verbuchen?

Legen Sie einen Dauerauftrag an. Sie haben ein Recht auf Ihr Gehalt zu einem fixen Termin. Außerdem gilt Schummeln nicht. Wenn Sie jedes Mal wissen, dass am 3. des Monats Ihr Gehalt vom Geschäftskonto abgeht, so müssen Sie Sorge dafür tragen, dass das Konto gedeckt ist. Je eher Sie das machen, umso leichter fällt es Ihnen, einen routinierten Überblick über Ihr Konto zu bekommen.

Steuerberater – brauchen Sie einen?

Jetzt haben wir zwischendurch schon immer so oft das Wort Steuerberater benutzt, dass wir diesem nun auch einen Teil in unserem Buch widmen wollen. Früher oder später werden Sie einen Steuerberater zu Rate ziehen, sowohl juristisch als auch fachlich.

Werfen wir wieder einen Blick auf den Gesetzgeber: Rein rechtlich müssen Sie keinen Steuerberater beauftragen – dies entbindet Sie aber nicht von Ihren steuerlichen Verpflichtungen! Dem Gesetzgeber ist es recht egal, wie Sie Ihre Steuererklärung machen, also ob mit oder ohne Hilfe eines Steuerberaters, Hauptsache, diese wird erledigt.

Zu den Hauptaufgaben in Ihrem betrieblichen Alltag rund um die Buchhaltung fallen Aufgaben an, wie:

- Ihre Buchhaltung

- Das Erstellen von Löhnen, wenn Sie Mitarbeiter führen

- Steuererklärungen und Jahresabschlüsse, als auch Gewinn-und-Verlust-Rechnung (GuV) oder Einnahmen-Überschussrechnungen

Sind Sie in diesem Bereich fit, können Sie das selbst machen. Sollte es thematisch aber hapern, empfiehlt sich ein Steuerberater. Mit dem können Sie individuell

besprechen, welche Aufgaben für Sie und welche für ihn sinnvoll sind.

Natürlich ist ein Argument eines Existenzgründers, dass ein Steuerberater teuer ist und Mitarbeiter zum jetzigen Zeitpunkt noch nicht bezahlt werden können.

Erstellen Sie sich – ähnlich, wie Ihre Gehaltsliste – eine Wunschliste, auf der Sie genau eintragen, wann Sie das Geld zusammen haben wollen, um einen Buchhalter, einen Steuerfachangestellten oder einen Steuerberater zu beauftragen. Setzen Sie sich auch mit Ihrem Existenzgründungshelfer zusammen, es gibt mittlerweile auch immer mal wieder „Sparangebote" für Existenzgründer.

Auf Dauer lohnt es sich, die Arbeiten abzugeben, die gemacht werden müssen, aber jemand anderem besser liegen, als einem selbst – Schuster, bleib bei Deinen Leisten! Der entsprechende Mitarbeiter kümmert sich um die täglichen Buchungen und die Barkasse. Zudem kümmert er sich um die Löhne und Gehälter und betreut die Mitarbeiter rund um personelle Fragen.

Auch eine Arbeitsteilung mit dem Steuerberater ist möglich. Auch wäre eine sinnvolle Überlegung, einen Buchhalter einzustellen, der gemeinsam mit Ihrem Betrieb wachsen kann. Lassen Sie den Steuerberater sonst erst einmal zum Ende des Jahres Ihren Jahresabschlussbericht erstellen. Somit bekommt er einen Überblick über alle Ihre Buchungen. Er kann Ihnen Hinweise geben und Korrekturen machen. Somit sind Sie steuerlich schon mal sicher aufgestellt. Auch können Sie erfragen, ob Sie seine Beratungsleistungen auch bei Bedarf wahrnehmen können, wenn es um Fragen geht, die sich aus dem laufenden Betrieb entwickeln, etwa, wenn Sie Mitarbeiter einstellen möchten oder sich teure Geräte für den Agilityparcours anschaffen möchten. Ein Beratungstermin über verschiedene Möglichkeiten bietet sich an. Einige Steuerberater bieten auch Schnupperstunden an, sodass Sie eine Basis legen können.

In der heutigen Zeit ist es überhaupt nicht mehr nötig, dass Ihr Steuerberater auch in Ihrer Gemeinde ansässig ist. Dank Technik können Sie Ihren Umkreis problemlos erweitern, wenn Sie einen kompetenten Steuerberater aufsuchen – so nutzen einige Trainerkollegen virtuelle Steuerberater.

Überlegen Sie auch, ob Sie in eine gute Software investieren und sich von ihr unterstützen lassen. Es gibt tolle und einfache Buchhaltungsprogramme, die Ihnen für kleines Geld die Arbeit ersparen. Beispielsweise: finx – dort können Sie Ihre Buchhaltung mittlerweile über eine App machen.

Steuerdschungel – was wofür und überhaupt ...

Es werden einige Steuerarten auf Sie zukommen, die wichtigsten, mit denen Sie es zu tun haben werden, stellen wir Ihnen hier vor:

Die Umsatzsteuer

Die Umsatzsteuer wird dann erhoben, wenn Leistungen oder Produkte eingekauft werden. Sie wird von Ihnen als Hundetrainer auf Ihre Waren wie Halsbänder oder Geschirre und auch auf Ihre Trainingsstunden und Kurse erhoben. Derzeit (Stand 2019) liegt diese Steuer in Deutschland nach § 12 des Umsatzsteuergesetzes bei 19 %. Für einige Produkte gilt ein ermäßigter Umsatzsteuersatz von 7 %. Dies gilt zum Beispiel für Lebensmittel, Tiernahrung und Bücher.

Stellen Sie eine Rechnung an eine Privatperson, so bezahlt er Ihre Trainingsstunden zuzüglich 19 % Umsatzsteuer. Das ist der Bruttopreis. Bucht ein Kunde Sie, der Ihre Stunde betrieblich absetzen kann, so kann er die Umsatzsteuer bei seinem Finanzamt geltend machen. Folglich schauen Unternehmer gerne auf die Nettopreise – also Stundensatz ohne Umsatzsteuer, weil die als „Durchlaufposten" bei dem Rechnungssteller ans Finanzamt geht und beim Unternehmer-Kunden wiederkommt. Achtung, natürlich funktioniert das nur, wenn die erhaltenen Leistungen für Ihren Kunden auch wirklich mit seinem Betrieb in Zusammenhang steht. Ein Koch wird Trainingsstunden für seinen Hund sicherlich nicht betrieblich absetzen können.

Für Sie als Hundetrainer bedeutet das, dass Sie nur den Nettopreis Ihrer erstellten Rechnung einbehalten. Die Umsatzsteuer wird an das Finanzamt abgeführt. Kaufen Sie hingegen für Ihre Hundeschule ein, etwa Kopierpapier, um Ihre Rechnungen zu drucken, so werden Sie auf der an Sie gerichtete Rechnung feststellen, dass auch Sie 19 % Umsatzsteuer an den Lieferanten zahlen müssen. Da dies aber Betriebsausgaben sind, machen Sie diese 19 % aber beim Finanzamt geltend. Für einen Unternehmer ist die Umsatzsteuer gewinn- beziehungsweise verlustneutral – da war er wieder, der durchlaufende Posten.

Es ist gesetzlich vorgeschrieben, dass Preise für Endverbraucher immer brutto dargestellt werden müssen. Das heißt, in der genannten Summe muss die gesetzliche Umsatzsteuer enthalten sein. Nur Betriebe, die an Wiederverkäufer verkaufen, dürfen die Nettosumme als Preis angeben.

Beispiel Umsatzsteuer für eine Dienstleistung:
Sie verkaufen eine Dienstleistung wie zum Beispiel zwei Einzeltrainingsstunden oder einen Minikurs für 119 € und geben diese Summe als Endpreis an.

Dann beinhaltet diese Summe:

- Nettopreis (ohne Umsatzsteuer) = 100 €
  + Umsatzsteuer von 19 % = 19 €
  =
- Bruttopreis (inkluiver Umsatzsteuer) = 119 €.

Die Umsatzsteuer gehört allerdings nicht Ihnen. Sie haben diese Steuer lediglich für das Finanzamt vom Endverbraucher eingezogen. Nun müssen Sie diese in der nächsten Steuerabrechnung dem Finanzamt angeben und es werden Ihnen dann 19 € von ihrem Konto eingezogen.

Beispiel für Verkauf von Zubehör für Hundetraining
Sie verkaufen einem Hundehalter ein Hundegeschirr für 59,50 €. Wir wissen nun schon, dass dies ein Bruttopreis (also inklusive 19 % Umsatzsteuer) sein muss, weil es sich um einen Endkunden handelt. Auch hier geben Sie dem Finanzamt an, dass Sie neben dem Nettopreis von 50 € auch noch 9,50 € Umsatzsteuer eingenommen haben. Diese müssen nun an das Finanzamt bezahlt werden.

Aber im Gegensatz zur Dienstleistung müssen Sie jedoch das Geschirr erst einkaufen. In diesem Fall beträgt der Einkaufspreis 29,75 €. Wenn sie 29,75 € dem Verkäufer bezahlt haben, war dies der Brutto-Verkaufspreis des Verkäufers. Auch dieser musste auf seinen Nettopreis von 25 € die

Umsatzsteuer hinzurechnen. 25 € + 19 % sind 29,75 €. Da die Umsatzsteuer aber nicht von den Händlern gezahlt werden soll, sondern vom Endverbraucher, bekommen Sie die Umsatzsteuer, die Sie dem Verkäufer bezahlt haben, wieder. Dies wird alles zusammen in derselben Umsatzsteuererklärung aufgeführt. In unserem Beispiel haben sie also 4,75 € an den Verkäufer des Geschirrs schon bezahlt. Dies führen Sie dann in Ihrer Umsatzsteuererklärung als „Vorsteuer" auf. Weiterhin führen Sie die 9,50 € Ihres Verkaufspreises für den Endkunden als Umsatzsteuer auf. Die Vorsteuer wird von der Umsatzsteuer abgezogen (Vorsteuerabzug): 9,50 € (USt.) − 4,75 € (VSt.) = 4,75 €. Diese verbleibenden 4,75 € sind Sie nun dem Finanzamt schuldig. Somit müssen Sie nur die Umsatzsteuer abführen, die durch den Mehrwert (Preisaufschlag im Handel) entstanden ist. Aus diesem Grund wird die Umsatzsteuer auch oft Mehrwertsteuer genannt.

Vielleicht haben Sie schon mitbekommen, dass die Umsatzsteuer auch gerne Mehrwertsteuer genannt wird. Dieser Begriff ist so sehr eingebürgert, dass er auf vielen Rechnungsformularen verwendet wird. Sogar die Finanzämter erkennen Rechnungen mit dieser (eigentlich falschen) Bezeichnung an. Im Steuerrecht und Gesetzestexten ist die Mehrwertsteuer jedoch nicht zu finden. Hier wird ausschließlich der Begriff Umsatzsteuer verwendet.

Jeder weiß, was gemeint ist und umgangssprachlich ist das auch sicher kein Problem – aber, wenn Sie es genau wissen möchten: steuerrechtlich ist „Umsatzsteuer" der korrekte Begriff.

Das Wort Mehrwertsteuer leitet sich insofern ab, weil die Umsatzsteuer nach dem „Mehrwertprinzip" berechnet wird.

Und noch kurz und knapp hinterher: Das Mehrwertprinzip besagt, dass eine Umsatzsteuer auf den Mehrwert berechnet wird, wenn ein Kauf / Verkauf generiert wird. Dies bedeutet dann für den Verkauf eines Hundehalsbandes: Differenz zwischen Einkaufspreis des Halsbandes und dem Verkaufspreis des Hundehalsbandes. Dies wird auch als Vorsteuerabzug benannt.

Als Unternehmer sind Sie umsatzsteuerpflichtig. Sind Sie jedoch Kleinunternehmer und haben dies bei der Meldung beim Finanzamt angegeben, so sind Sie von der Umsatzsteuer befreit. Folglich weisen Sie auf Ihren Rechnungen keine Umsatzsteuer aus (siehe oben unter Rechnungen) und müssen auch keine an das Finanzamt weiterleiten. Aufgrund dessen haben Sie keinen Anspruch auf den Vorsteuerabzug. Wenn Sie sich entschieden haben, als Kleinunternehmer tätig zu sein, sind Sie für die nächsten fünf Jahre daran gebunden. Für Kleinunternehmer gibt es eine finanzielle Grenze – Achtung, diese hat sich geändert: Bisher galt, dass der Umsatz im Vorjahr 17.500 € nicht überschreiten durfte. Dieser Betrag wurde zum 01.01.2020 auf 22.000€ angehoben. Kommen Sie über den Betrag, so sind Sie umsatzsteuerpflichtig und müssen in dem Jahr auch die Umsatzsteuer nachzahlen.

Dies würde für Ihre Kunden bedeuten, dass Sie ab nun eine Umsatzsteuer aufschlagen. Für Privatpersonen ist das eine preisliche Erhöhung um 19 %. Das ist für viele sehr viel Geld und es kann sein, dass aufgrund dieser Tatsache Ihre Kunden den Kurs beenden, ohne einen neuen zu buchen. Somit fehlen Ihnen im schlimmsten Fall plötzlich sehr viele Kunden. Überlegen Sie daher frühzeitig, wie Sie diese Zeit mit Ihren Kunden gestalten und ob eine Kleinunternehmerregelung für Sie infrage kommt.

Die Umsatzsteuervoranmeldung (UStVA)

Als Unternehmer – Ausnahme: Kleinunternehmer oder, wenn Ihre Steuerlast im vergangenen Jahr unter 1000 € lag – müssen Sie Ihre Umsatzsteuervoranmeldung machen. Dadurch wird Ihre Steuerschuld in Teilzahlungen aufgeteilt und Sie können Ihre Steuern über das Jahr verteilt zahlen, was für viele angenehmer ist, als alles auf einmal. Beachten Sie, dass Sie Fristen einhalten müssen zur Voranmeldung. Gleichzeitig sind die Meldefristen auch Ihre Zahlungsfristen. Normalerweise macht man das monatlich oder quartalsweise, dies ist von Ihrem Umsatz abhängig und wird Ihnen von Ihrem Finanzamt mitgeteilt.

Existenzgründer werden meist gesondert behandelt, da die Beträge noch nicht so hoch sind.

Ihre Umsatzsteuervoranmeldung können Sie online über das ELSTER-Portal geltend machen. Füllen Sie das Formular zur UStVA aus. Grob beschrieben tragen Sie Ihre an das Finanzamt bereits geleistete Umsatzsteuer ein, ebenso wie viel Sie vereinnahmt haben (je nach Zeitraum). Dann werden beide Werte gegengerechnet und dann sehen Sie, ob Sie noch mehr an das Finanzamt zahlen müssen oder das Finanzamt Ihnen etwas zurückzahlt.

Die Einkommensteuer

Die Einkommensteuer ist eine Steuer, die auf Ihr Einkommen erhoben wird. Einkommensteuer wird von natürlichen Personen bezahlt. Bei Kapitalgesellschaften (GmbHs und AGs) nennt man das auch Körperschaftsteuer.

Hinter der Einkommensteuer steckt, dass das Einkommen aus selbständiger und nichtselbständiger Tätigkeit versteuert werden muss. Als Grundlage dient das Einkommensteuergesetz, abgekürzt als EStG. Darin sind auch die Prinzipien festgelegt, nachdem die Einkommensteuer berechnet werden darf:

- Besteuerung nach Leistungsfähigkeit
  Sie dürfen nur so steuerlich belastet werden, wie es Ihrer wirtschaftlichen Leistungsfähigkeit möglich ist.

- Welteinkommensprinzip
  Sind Sie steuerpflichtig, so werden Sie nach dem Welteinkommensprinzip im Land Ihres Wohnsitzes besteuert.

- Nettoprinzip
  Besteuert werden dürfen nur Ihre Nettoeinnahmen, nicht die Bruttoeinnahmen.

- Prinzip der gestaffelten Steuersätze
  Ihr Steuersatz steigt mit steigendem Einkommen. Je mehr Sie in Ihrer Hundeschule verdienen, desto höher wird der Steuersatz Ihrer Einkommensteuer

- Periodizitätsprinzip
  Ihr Einkommen wird nach Perioden versteuert.

Es gibt unterschiedliche Einkunftsarten, nach denen Ihre Einkommensteuer ermittelt wird. Diese werden dann zusammengerechnet.

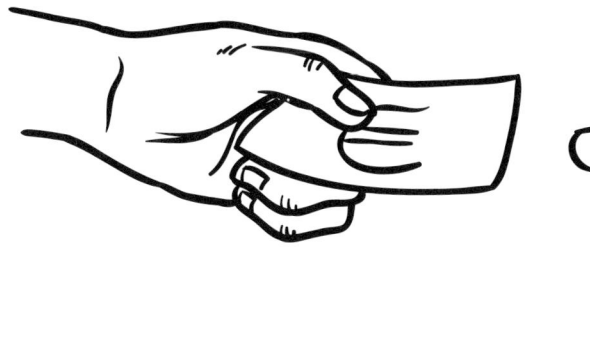
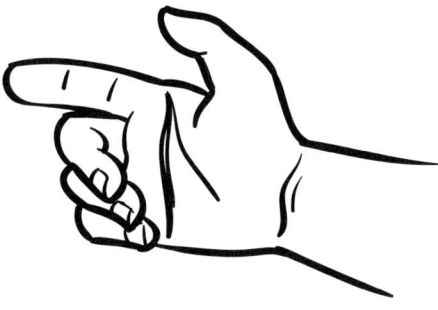

Die einzelnen Einkunftsarten sind
- Einkünfte aus Land- und Forstwirtschaft (§§ 13–14a EStG)
- Einkünfte aus Gewerbebetrieb (§§ 15–17 EStG)
- Einkünfte aus selbständiger Arbeit (§ 18 EStG, hierunter fallen auch unternehmerische Einkünfte, solange sie als Personengesellschaft erzielt werden)
- Einkünfte aus nichtselbständiger Arbeit (§§ 19–19a EStG)
- Einkünfte aus Kapitalvermögen (§ 20 EStG)
- Einkünfte aus Vermietung und Verpachtung (§ 21 EStG)
- Sonstige Einkünfte (§§ 22–23 EStG)

Die Höhe Ihrer Einkommensteuer ist abhängig von der Höhe des zu versteuernden Einkommens. Es gibt einen Freibetrag für niedriges Einkommen: Liegt Ihr Einkommen unter dem Freibetrag von 9.168 € im Jahr (Stand 2019), fällt keine Einkommensteuer für Sie an.

Ihre Betriebsausgaben mindern Ihren Gewinn – folglich zahlen Sie dann auch weniger Einkommensteuer. Neben der Einkommensteuererklärung sind zum Jahresende auch die Umsatzsteuer-Jahreserklärung und eine Gewerbesteuererklärung fällig.

Um Ihre Einkommensteuererklärung vollständig abzugeben, sind folgende Formulare für Sie auszufüllen:

- Mantelbogen zur Einkommensteuererklärung
- Anlage G – Einkünfte aus Gewerbebetrieb
- Anlage S – Einkünfte aus selbstständiger Arbeit. Sind Sie freiberuflich tätig, füllen Sie neben dem Mantelbogen die Anlage S aus. Sie ist etwas kürzer als Anlage G, folgt aber dessen Schema.
- Gewinnermittlung über EÜR oder GuV Mit EÜR ist die Einnahme-Überschuss-Rechnung gemeint und mit GuV die Gewinn-und-Verlustrechnung.

Die Gewerbesteuer

Die Gewerbesteuer gehört zur Gemeindesteuer. Abgekürzt wird diese mit GewSt. Ihre Gemeinde, in der Ihre Hundeschule ihren Sitz hat, ist somit berechtigt, Steuern auf Ihren Gewinn zu erheben. Jede Gemeinde hat ihren Hebesatz festgelegt. Das ist der Grund, warum die Gewerbesteuer gerne mal in der Kritik steht, da diese Hebesätze nicht überall gleich sind und es kann sein, dass Sie in einer anderen Gemeinde einen anderen Gewerbesteuersatz bezahlen würden. Suchen Sie nach einem Standort, so erfragen Sie in der Gemeinde auch den Hebesatz. Sobald Sie Ihr Gewerbe angemeldet haben, ist es Ihre Pflicht, auch Gewerbesteuer zu zahlen. Auch hier gibt es jedoch einen Freibetrag (Achtung, nicht für Kapitalgesellschaften!), sodass Sie die ersten Jahre verschont bleiben. Jedoch sollte der Ansporn nicht daran liegen, mit Ihrem Unternehmen unterhalb des Freibetrags zu bleiben, sondern Ihr Unternehmen aufzubauen!

Mitarbeiter und Personalwesen

Vielleicht starten Sie zuerst als Einzelkämpfer in Ihre Selbständigkeit. Das machen die meisten, um sich erst einmal einen Namen zu machen, ihr eigenes Unternehmen aufzubauen und auch Kosten gering zu halten. Mitarbeiter sind etwas Tolles, aber Sie werden sowohl ein regelmäßiger als auch einer der teuersten Posten auf Ihrer Ausgabenliste sein. Folglich ist es rein menschlich, dass man diese Kosten in den ersten Monaten erst einmal scheut.

Als Unternehmer in Ihrer Hundeschule werden Sie aber immer wieder an Punkte gelangen, in denen Sie entweder tatkräftige Unterstützung benötigen, weil es einfach zu viele Kunden sind oder aber Sie gewisse Aufgaben nicht gerne machen und diese gerne an andere Menschen übergeben wollen, die hoffentlich viel mehr Spaß an dieser Tätigkeit haben.

Wir möchten Sie direkt ermutigen, dass Sie frühzeitig beginnen, sich Gedanken zum Thema Mitarbeiter zu machen, um zu verhindern, dass Sie lange ohne welche auskommen müssen, weil Sie sich zu spät gekümmert haben.

Suchen Sie frühzeitig!

Keine Sorge, das bedeutet nicht gleich, dass Sie jemanden fest einstellen sollen. Es geht darum, dass Sie wissen, welche Aufgaben Sie in den nächsten Monaten an jemand anderen abgeben wollen. Beispiel: Sie wissen, dass Sie Hundetraining lieben. Sie können sich gut vorstellen, pro Woche mindestens 20 Stunden mit Hund-Halter-Teams auf dem Hundeplatz zu verbringen. Ihre Motivation ist hoch und alles ist prima. „Never touch a running system". Getreu dem Motto, dass wir keine Baustelle aufreißen, die nicht geöffnet werden muss, gehen wir hier nicht ran. Anders sieht das aber bei Ihrer Buchhaltung aus. Ihnen schaudert es, wenn Sie daran denken, dass Sie zu Beginn eine Stunde pro Woche für Ihre buchhalterischen Tätigkeiten freihalten sollten. Ihre Stimmung sinkt, Sie bekommen schon einen Tag zuvor schlechte Laune und auch finden sich immer Argumente, die Buchhaltung doch zu

verschieben. Das ist (spätestens) der Zeitpunkt, an dem Sie diese Tätigkeit auslagern sollten und jemanden zur Hilfe holen, der Spaß an dieser Aufgabe hat! Ja, auch schon direkt zu Beginn. Die Zeit, in der Sie mit (schlechterer) Laune an die Buchhaltung denken und diese widerwillig machen, können Sie in die Dinge investieren, die Sie richtig gut können und machen wollen: Hundetraining!

Wir können gut verstehen, dass man zu Beginn Sorge hat, dass dies zu viele Ausgaben sind, aber Sie legen sich stattdessen ja nicht auf die Couch, sondern konzipieren Ihre Hundeschule und verdienen Geld durch Trainingsstunden.

Hat man den Entschluss gefasst, sich Unterstützung zu holen, kann es meist gar nicht schnell genug gehen – aber: Wen nimmt

man nun? Gute Mitarbeiter wachsen nicht auf Bäumen und man muss schon genau hinschauen, wer einen unterstützen kann. Das kann einige Zeit dauern, bis man den- oder diejenige gefunden hat, die zu einem passt.

Also, suchen Sie früh. Seien Sie offen für die Möglichkeit eines Mitarbeiters, umso eher können Sie ihn einsetzen. Würden Sie sich vehement sperren, kann es gut sein, dass Sie dann im richtigen Moment keinen passenden finden … Also, seien Sie offen!

Gehen Sie auch gedanklich davon weg, dass Mitarbeiter teuer sind. Sie sind eine sehr wichtige Ressource Ihres Unternehmens. Sie werden das am Unternehmenserfolg merken.

Beachten Sie: Leidet Ihre Qualität und Arbeit darunter, dass Sie keine oder zu wenig Mitarbeiter haben, ist es oft schon zu spät. Suchen Sie frühzeitig Unterstützung!

Obacht! Unwissenheit schützt vor Strafe nicht! Setzen Sie sich mit grundlegenden Kenntnissen des Arbeitsrechts und des Allgemeinen Gleichbehandlungsgesetzes auseinander!

Anbei einige Tipps und Anregungen zur Einstellung von Mitarbeitern:

- Sprechen Sie mit Ihrem Steuerberater, wie er Ihren Firmenverlauf in Bezug auf Mitarbeiter einschätzt.

- Sie können Mitarbeiter befristet einstellen, sodass der Vertrag automatisch ausläuft.

- Kalkulieren Sie, dass Sie Nebenkosten bei der Beschäftigung von Mitarbeitern haben. Diese setzen sich aus Arbeitgeberbeträge zur Renten- Arbeitslosen- und Krankenversicherung zusammen. Diese können bis zu 23 % vom Bruttolohn liegen.

- Erstellen Sie eine Liste mit den anfallenden Arbeiten – welche Kräfte benötigen Sie dazu und mit wie vielen Stunden kalkulieren Sie die Arbeit ein?

- Setzen Sie einen Arbeitsvertrag schriftlich auf.

- Bedenken Sie Ihre Meldepflicht: Beantragen Sie eine Betriebsnummer bei der Bundesagentur für Arbeit, sofern Sie erstmalig Mitarbeiter beschäftigen.

- Melden Sie neue Mitarbeiter bei der Sozialversicherung (Kranken-, Renten- und Pflege- sowie Arbeitslosenversicherung), als auch bei der gesetzlichen Unfallversicherung an.

- Sie werden alle Zahlungen (dazu gehören auch Lohnsteuern und Solidaritätszuschlag) vollständig und termingerecht an die Sozialversicherung beziehungsweise das Finanzamt zahlen müssen.

- Prüfen Sie folgende Dokumente Ihres neuen Mitarbeiters: Steueridentifikationsnummer, Sozialversicherungsausweis, Urlaubsbescheinigung des vorherigen Arbeitgebers, Mitgliedsbescheinigung der aktuellen Krankenversicherung, mögliche Unterlagen über vermögenswirksame Leistungen, Arbeitserlaubnis im Falle ausländischer Arbeitnehmer, gegebenenfalls Schwerbehindertenausweis.

Minijob

Haben Sie nur wenig an Arbeit abzugeben, so wäre eine Anstellung als Minijob vielleicht auch etwas für Sie. Darunter fallen Tätigkeiten, die unter 450 € pro Monat vergütet werden. Ihr Vorteil: Sie müssen keine Sozialversicherungsbeiträge bezahlen, sondern nur eine Pauschalabgabe von rund 30 %. Bedenken Sie aber, dass Ihnen und Ihrem Mitarbeiter somit nur geringe zeitliche Arbeitsressourcen zur Verfügung stehen und eine Dokumentationspflicht vorliegt. Sie müssen also genau Buch führen, an welchem Tag der Mitarbeiter wie viele Stunden gearbeitet hat.

Midijobs

Eine sogenannte Midijob-Beschäftigung liegt vor, wenn Sie einen Mitarbeiter haben, der zwischen 450,01 und 850 € (Stand: 2019) monatlich verdient. Als Arbeitgeber zahlen Sie 21 % des Arbeitsentgeltes als Lohnsteuer. Der Arbeitnehmer selbst zahlt ab 401 € 4 % schrittweise bis zum Erreichen der Grenze von 800 € ebenfalls 21 %.

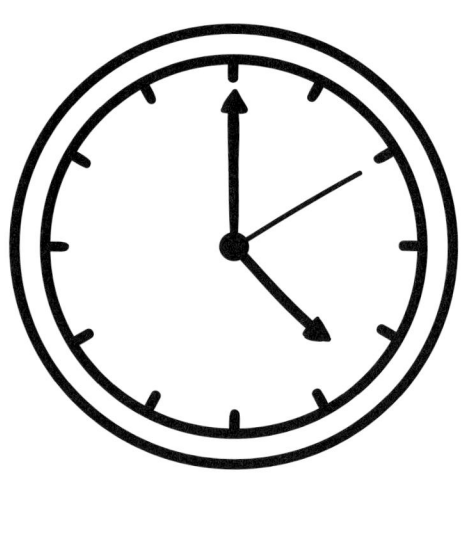

Die Teilzeitbeschäftigung

Achtung, das klingt erst einmal günstiger als Vollzeitbeschäftigung – ist es aber nicht immer, da Ihnen oft dieselben Kosten entstehen wie bei einer Vollzeitbeschäftigung. Eine flexiblere Zeitgestaltung ist jedoch meist von Vorteil. Auch haben Sie den Vorteil zu Beginn Ihrer Karriere, dass Sie mit Ihrem Mitarbeiter die Stunden langsam aufstocken können.

Kosten für Mitarbeiter können zu Beginn der Geschäftsgründung durch einen sogenannten Einstellungszuschuss des Arbeitsamtes reduziert werden. Einen Zuschuss können Sie dann bekommen, wenn Sie eine Person einstellen, förderbedürftige Arbeitnehmer sind. Die Agentur für Arbeit klärt darüber auf, wer darunterfällt. Sprechen Sie das Arbeitsamt auf Förderungsmöglichkeiten an.

> *Bei allen Möglichkeiten, die Sie zur Einstellung von Mitarbeitern haben, gilt: Sie sind immer verpflichtet, mindestens den Mindestlohn zu zahlen.*

KAPITEL 3
Marketing

Die Fundamente Ihrer Hundeschule stehen, nun müssen diese mit Leben, Kunden und Hunden gefüllt werden. Das wird nicht einfach so geschehen, sondern Ihr persönlicher Kalender aus den ersten Kapiteln benötigt nun Zeitfenster, wo Sie sich mit dem Thema „Marketing" kontinuierlich (!) auseinandersetzen und das mehrfach in der Woche. Das klingt für Sie nun etwas übertrieben? Glauben Sie uns, ist es nicht. Marketing ist ein wichtiges Instrument. Auch, wenn es Ihr Wunsch ist, Ihre Kunden über „Mund-zu-Mund-Werbung" zu bekommen – irgendwo muss der Anfang gemacht werden, damit Sie ein Kunde wahrnimmt. Sie können eine noch so gute Ausbildung absolviert haben, Sie müssen die Chance bekommen, Ihr Wissen zeigen zu können. Also, greifen Sie zu Stift und Papier und tragen sich Ihre Marketingzeiten ein. Im Folgenden geben wir Ihnen einen Überblick über die gängigsten Marketingstrategien, die Sie umsetzen sollten.

Dies machen Sie entweder selbst oder Sie engagieren einen Experten dafür. Eine der wichtigsten Regeln ist: Prüfen Sie frühzeitig, was Sie machen wollen oder abgeben wollen. Oft ist der Gedanke da, dass Fachleute sehr teuer sind. Ja, sonst wären es keine Fachleute. Dafür machen Sie es aber gut und meist besser als wir Hundetrainer, denn wir sind kynologisch ausgebildet und nicht immer auch im Bereich Marketing.

Auf Dauer wird es sich lohnen, dass Sie mit Leuten vom Fach zusammenarbeiten. Es ist ein Unterschied, ob Sie drei Stunden für eine Marketingaufgabe benötigen oder ein Fachmann / Fachfrau zehn Minuten und auch noch das nötige Hintergrundwissen hat. Damit meinen wir Situationen, in denen man zum Beispiel „eben fix" etwas posten will und eine Verknüpfung zu den anderen sozialen Netzwerken herstellen möchte – aber es an einem Link hakt, der unsere Laune ruiniert, eben weil es nicht funktioniert. Ein Fachmann oder die Fachfrau lächelt und hat einen Plan B.

Stürzen wir uns aber nun ins Thema und verschaffen einen Überblick:

Oftmals wird geglaubt, Marketing sei einfach nur Werbung. Dem ist aber nicht ganz so. Werbung können Sie als Teilgebiet des Marketings sehen, denn hinzu kommen auch die Marktanalysen – vielleicht erinnern Sie sich, wir hatten schon grob beschrieben, dass da noch mal etwas auf Sie zukommt. Auch ist die Weiterentwicklung Ihrer Hundeschule, Ihrer Trainingseinheiten, Ihres Angebotes und Ihrer Produkte ein großer Zweig, der dem Marketing zugehört. Schauen wir, was Sie nun umsetzen können, um Ihre Hundeschule zum Brummen zu bringen:

Ihr Ziel: Neue Kunden gewinnen und alte Kunden behalten.

Will man neue Kunden gewinnen, ist es von enormer Bedeutung, zu wissen, was der Kunde will und braucht. Sie sollten als Hundetrainer wissen, wie Sie Ihrem Kunden helfen können bei dem, was er will! Der Kundennutzen sollte in den Vordergrund gestellt werden. Fragen Sie explizit nach, was sich Hundehalter von einer Hundeschule wünschen. Sie werden merken, dass Sie Antworten bekommen, auf die Sie als Unternehmer nicht gekommen wären. Nehmen Sie diese Antworten ergänzend auf und formulieren kurz und knapp, was der Hundehalter für sein Geld bekommt, wenn er bei Ihnen bucht.

Erledigen Sie diese Aufgabe schriftlich:

Aussage	Was hat der Kunde davon?
Ich habe mich sehr gut ausbilden lassen, bevor ich mich an schwierige Fälle wage.	Eine gute Ausbildung garantiert fehlerfreie Arbeit und strahlt Kompetenz aus. Der Kunde fühlt sich gut aufgehoben.
Ich kann gut auf Menschen eingehen.	Der Kunde fühlt sich mit seinem Problem ernst genommen und gut aufgehoben. Das trägt zu seinem Wohlbefinden in meiner Nähe bei.
Ich kann auch kurzfristige Dienstleistungen anbieten.	In akuten Situationen oder bei hohem Leidensdruck bekommt der Hundehalter schnelle Hilfe. Der Kunde fühlt sich dadurch besser.

Wie nennen Sie Ihre Hundeschule?

In Kapitel 1 hatten wir schon über verschiedene Firmen-Formen gesprochen. Dennoch ist wichtig, dass Sie Ihrer Hundeschule einen Namen geben. Hierbei sollten Sie beachten:

Der Name Ihrer Hundeschule sollte in den Köpfen des Lesers sofort hängen bleiben. Das geschieht meist schnell, wenn man sich sofort ein Bild im Kopf dazu ausmalen kann und / oder der Name aus etwas Originellem besteht. Nehmen Sie sich Zeit, gestalten Sie ein buntes Brainstorming und schreiben Sie – mit Freunden? – auf, was Ihnen einfällt. Natürlich ist es umgekehrt auch okay, wenn Sie es mit Ihrem Namen auf den Punkt bringen, also „Hundeschule Maxi Mustermännchen" Hier kann der Hörer direkt erkennen, dass es sich erstens um eine Hundeschule handelt und zweitens, dass diese von Maxi Mustermännchen betrieben wird. Diese Zuordnung fällt vielen Kunden dann anschließend leicht, wenn man sich im ersten Gespräch kennenlernt. Zumal Sie das Gesicht Ihrer Hundeschule sind und diese auch repräsentieren sollten.

Machen Sie es Ihren Kunden leicht – keine komplizierten Sätze, keine fremdsprachlichen Namen, keine verstrickten Wortspiele, die vielleicht nur von einem bestimmten Fachkreis verstanden werden.

Da es sich leicht anhören sollte, sollte es auch leicht zu schreiben sein – Sie möchten schließlich im Internet gefunden werden! Vertipper können schnell auf andere Seiten führen oder Probleme im Ranking geben. Auch hier achten Sie auf ein leichtes Handling.

Haben Sie sich einen passenden Namen ausgesucht, ist die Frage nicht weit, wie es optisch präsentiert wird. Mit oder ohne Logo? Ein hübsches und professionelles Logo repräsentiert Ihre Hundeschule! Viele Hundehalter entscheiden auch anhand des Logos, ob der Stil des Trainers zu einem passt oder nicht. Sie sehen also, ein Logo sollte einen Stellenwert in Ihrem Marketingplan haben.

Vielleicht haben Sie eine genaue und gewisse Vorstellung. Viele (angehende) Hundetrainer wünschen sich etwa die Hundepfote des eigenen oder auch des bereits verstorbenen Hundes im Logo. Das ist eine tolle Idee – allerdings auch schon häufig zu finden. Dieses Logo hat dann sehr emotionalen Charakter, aber es wird kein Alleinstellungsmerkmal gegenüber Ihren Mitanbietern sein. Wir empfehlen hier, dass Sie sich beraten lassen – von einem neutralen Fachmann. Dieser kann völlig unvoreingenommen mitteilen, wie die Dinge aus der Sicht des Marketings stehen und welche Empfehlungen und kreativen Ideen er Ihnen geben würde – oft kommt man selbst nicht darauf. Das heißt nicht, dass Sie das nehmen müssen, aber der Blick über den Tellerrand ist zu empfehlen. Sie sollten darauf achten, dass Sie zu 100 % zufrieden sind mit Ihrem Logo! Sie werden sehr lange damit leben, da es sich nicht empfiehlt, das Logo in zeitnahen Abständen zu verändern. Schließlich ist es Ihr Wiedererkennungsmerkmal, das Sie durch Ihre Stadt tragen wollen, damit Sie schnell von Hundehaltern erkannt werden.

Apropos Logo mit Hundepfote: Eine sehr große, berühmte und tolle Outdoor-Marke mit Pfotenabdruck im Logo hat dieses schützen lassen. Es gab schon die eine oder andere Hundeschule, die ihr Logo aufgrund einer Unterlassungsklage abändern musste. Prüfen Sie dies genau, damit Ihr Start nicht gleich holperig anfängt!

Ihr Internetauftritt

Wir leben mittlerweile in einer völlig digitalisierten Welt – während wir vor zwanzig Jahren auf die Frage, ob man eine Homepage benötigt, noch die Antwort bekamen: „Ich weiß nicht, ich warte erst mal und mache Visitenkarten und Flyer und kümmere mich später um eine Homepage!", sollte diese Satz heute gestrichen werden.

JA! Sie benötigen eine Homepage – egal, ob Sie nebenberuflich tätig sind oder in Vollzeit. Sie müssen sich und Ihre Hundeschule repräsentieren! Sonst sieht und hört Sie keiner. Sollten Sie keine haben, werden Sie sogar eher kritisch beäugt. Also, werden Sie proaktiv uns erstellen Ihre Homepage. Hierzu sind einige Dinge wichtig zu wissen:

Sie können sich eine wunderschöne Homepage erstellen lassen. Das ist aber kein Garant dafür, dass Sie auch von Google und Co. gefunden werden. Ihre Homepage darf schön und gut zu finden sein. Das bedeutet, dass nach dem Designen nicht Schluss ist, sondern Sie sich um SEO (search engine optimization = Suchmaschinenoptimierung) und Websiteoptimierung kümmern müssen – quasi lebenslänglich. Glauben Sie nicht, dass Ihre Homepage mal fertig wird. Sie wird wachsen, sich verändern, Ihnen plötzlich nicht mehr gefallen, weiter wachsen und so weiter. Wenn Sie selbst nicht so versiert damit sind, lassen Sie sich professionell unterstützen!

Es gibt unkomplizierte Baukastensysteme, mit denen Sie Ihre Homepage recht einfach selbst erstellen können. Beispiele wären Jimdo oder Wordpress. Diese sind sehr anwenderfreundlich – auch für die Anwender, die weniger erfreut sind, wenn es um den technischen Part geht. Viele Marketingagenturen bieten auch zu diesem Thema kostenlose Infogespräche an. Zudem informieren Sie sich über Fördermaßnahmen. Einige Bundesländer unterstützen finanziell den Aufbau einer Homepage für Existenzgründer.

Suchen Sie Hilfe im Bereich Website-Erstellung, stöbern Sie gerne durch unseren Serviceteil oder melden sich persönlich bei uns.

Methoden zur Website-Erstellung

Eine eigene Homepage lässt sich auf verschiedene Weisen erstellen. Dazu gehören drei gängige Methoden: CMS, Homepagebaukasten oder selbst programmieren.

- Content Management System (CMS)

Beim Content Management System (CMS) handelt es sich um eine Software, mit der man selbstständig eine Homepage erstellen und pflegen kann. Es existieren hier sowohl kostenpflichtige als auch kostenfreie Systeme. Unsere Empfehlung fällt hier auf das frei verfügbare CMS WordPress. Einer der Hauptgründe dafür ist die einfache Bedienbarkeit und die mittlerweile sehr große Community, die zahlreiche kostenfreie Layoutvorlagen und Systemerweiterungen, kurz Plugins genannt, liefert. Für circa 50,00 – 70,00 € gibt es sehr gut anpassbare und hochwertige Layouts inklusive Dokumentation, die einen professionellen Auftritt ermöglichen. Die Entwicklungsmöglichkeiten bei WordPress sind nahezu unbegrenzt. Langfristig betrachtet ist die Nutzung eines CMS die kostengünstigere Alternative.

- Homepage-Baukastensysteme

Homepage-Baukastensysteme sind eine ebenfalls gern genutzte Möglichkeit, um die eigene Homepage zu erstellen. Mit einer großen Anzahl an vorgefertigten Layouts, ergänzt um verschiedene Farbvarianten, lässt sich so relativ schnell eine ansehnliche Homepage erstellen. Es existieren hier ebenfalls sowohl kostenpflichtige als auch kostenfreie Baukastensysteme. Zahlreiche Erweiterungen, die es teilweise nur gegen Aufpreis gibt, bieten dem einfachen Endanwender ausreichende Variabilität. Die Entwicklungsmöglichkeiten sind jedoch immer anbieterabhängig. Kurzfristig betrachtet sind Baukastensysteme eine günstige Möglichkeit zur Homepageerstellung.

- Homepage programmieren lassen

Eine Homepage zu programmieren beziehungsweise programmieren zu lassen ist die letzte Möglichkeit, die man in der Praxis vereinzelt noch sieht. Teilweise arbeiten Agenturen noch mit programmierten Homepages, statt dem Kunden ein komfortables und agenturunabhängiges CMS anzubieten. Es gibt nur wenige Unternehmer, die über Programmierkenntnisse verfügen und daraus resultiert eine Abhängigkeit zum Entwickler der Homepage. Die Entwicklungsmöglichkeiten der Homepage sind somit immer an den Entwickler gekoppelt. Kurz- und langfristig betrachtet ist das aus unserer Sicht die teuerste Variante.

Welcher Struktur soll Ihre Homepage folgen?

Natürlich möchte man sich abheben, keine Frage. Das macht inhaltlich auch sicher Sinn. Allerdings sollte man nicht zu kreativ sein, wenn es um die Gestaltung der Homepage geht. Wir Menschen sind Gewohnheitstiere und lieben Rituale. Es gibt mittlerweile Ergebnisse dazu, dass Shopseiten, die ihren Aufbau an bekannte Shopseiten wie Amazon anlehnen, mehr verkaufen. Dem User sind die Abläufe und der schematische Aufbau bekannt. Er fühlt sich sicher und gut aufgehoben. Das sollte auch Ihr Ziel mit der Struktur Ihrer Seite sein, dass sich Ihr potenzieller Neu-Hundehalter wohl und orientiert auf Ihrer Seite fühlt.

Diese Tipps sollen Ihnen helfen, eine Struktur zu erstellen:

- Sie benötigen ein Menü

- Erstellen Sie darin – natürlich an Ihre Schwerpunkte angepasst – Rubriken wie

  - Über mich
  - Training in Kursen und Einzelstunden
  - Angebote und Preise

- Anmeldeformular

- Newsletter

- Datenschutz

- Impressum

Die beiden letzten Punkte sind gesetzliche Pflichtangaben!

Alle Texte, die Sie verfassen, sollten klar formuliert sein, Tipper und Rechtschreibfehler sollten durch ein Lektorat überprüft werden. Stellen Sie Ihre Arbeit in den Texten vor und welchen Kundennutzen Ihr Hundehalter mit seinem Hund haben wird. Was hat er davon, wenn er genau diesen Kurs besucht? Unter Ihrem Text sollte der Hundehalter nicht allein gelassen werden. Bauen Sie Infobuttons ein, an denen er sich orientieren kann, wie:

- Anmeldung

- Sie haben noch Fragen, rufen Sie mich an!

- Weitere Infos

- usw.

Bauen Sie Ihre Seite so, dass Sie nicht nur von einem Laptop oder Rechner gut zu sehen ist, sondern auch von Smartphones und Tablets. Die Welt ist unterwegs und man sieht sich auch Ihre Homepage mal eben schnell im Supermarkt an der Kasse an. Da nutzt man sein Handy. Folglich sollte die Seite auch dafür kompatibel sein!

Viel Text ist out

Überfluten Sie Ihre Leser nicht mit zu vielen und möglicherweise unwichtigen Details. Bleiben Sie pro Seite bei einem Thema! Vielleicht hilft es Ihnen, wenn Sie sich eine Struktur zurechtlegen, in der Sie festhalten, wie Sie die Seite aufbauen wollen. Dieses Muster können Sie auf jede Unterseite und jeden Kurs übertragen, sodass Sie Ihre Seite auch somit direkt übersichtlich und einheitlich gestalten können. Zudem erspart es Ihnen Zeit und Arbeit.

Kopieren Sie niemals Texte aus dem Internet. Zum einen kann dies zu einer Urheberrechtsverletzung führen und zum anderen sind Sie das auch nicht. Seien Sie authentisch. Pflegen Sie Ihre Homepage mit Ihren Worten und Ihrem Inhalt – das repräsentiert Sie – das Original!

Bilder sind Ihr Aushängeschild!

Bilder transportieren Emotionen und halten User lange auf Ihren Seiten. Arbeiten Sie unbedingt (!) mit schönen Fotos. Diese können erkauft oder aber von Ihnen erstellt sein. Wichtig ist, dass Sie das Thema treffen. Möchten Sie einen Dummykurs verkaufen, ist es sinnvoll, dass Sie ein Foto wählen, auf dem zu erkennen ist, dass der Hund beispielsweise einen Dummy trägt und Hund und Halter zusammen Spaß haben. Ungeeignet sind hingegen Bilder, worauf beispielsweise derselbe Hund zu erkennen ist, wie er beim 80. Geburtstag der Großtante unterm Tisch liegt. Das wirkt eher, als sei es ein Platzhalter. Bilder und Texte sollten aufeinander abgestimmt werden.

Wie beim Text gilt auch, dass Sie nicht einfach Bilder einsetzen dürfen, sondern darauf achten müssen, dass Sie – etwa von Kunden oder Bekannten – die schriftliche Einverständniserklärung besitzen, dass Sie die Bilder für genau diesen Zweck nutzen können. Sollte der Kunde dieser Einverständniserklärung widersprechen, müssen Sie das Foto umgehend von der Homepage nehmen und gegen ein anderes austauschen.

Bei gekauften Fotos achten Sie darauf, dass Sie diese kommerziell nutzen dürfen. Das ist nicht immer der Fall, daher prüfen Sie das genau. Zudem muss auch eine Quellenangabe im Impressum aufgeführt werden.

Sie können sich auf folgenden Seiten informieren, das sind die bekanntesten Plattformen:

- www.pixabay.com
- www.shutterstock.com

> *Natürlich möchte der Kunde auch ein Foto von Ihnen sehen! Man möchte ja wissen, wem man seine Probleme rund um den Hund anvertraut. Am besten in Interaktion, mit Ihrem Hund, natürlich, so wie Sie sind. Dabei sollten Sie keine Sonnenbrille tragen, wegschauen und so weiter. Der Kunde darf Sie gerne sehen! Er wird schnell entscheiden, ob Sie auf ihn sympathisch wirken oder nicht.*

Domain

Sie werden sich eine Domain reservieren, über die Ihre Homepage zugeordnet wird. Achten Sie auch hier auf eine simple Domain. Schön für die Suchmaschinen ist etwa:

- www.Hundeschule-grossenkneten.de

verwirrend hingegen wäre:

- www.Hundeschule-in-der-schönen-nähe-von-wildeshausen.de

Leser sollen sich Ihre Domain sofort merken können.

Suchmaschinenoptimierung – das Dauerthema

Wie oben schon angesprochen bringt Ihnen Ihre wunderschön gestaltete Homepage nichts, wenn sie im Internet nicht gefunden wird. Im Klartext heißt das, dass Ihre Homepage auf der ersten Seite bei Google auftauchen sollte. Und das passiert leider nicht von alleine.

In diesem Zusammenhang spricht man oft von SEO (Search Engine Optimization). Setzen Sie sich mit den Grundlagen auseinander – zusammen mit einem Profi, und auch allein. Gerade von Anfang an können Sie Ihre Motivation nutzen, verstehen zu wollen, was Sie und Ihre Hundeschule nach vorne bringt. Sie müssen das nicht bis ins tiefste Detail verstehen, aber die Grundlagen und Kriterien sollten stimmen.

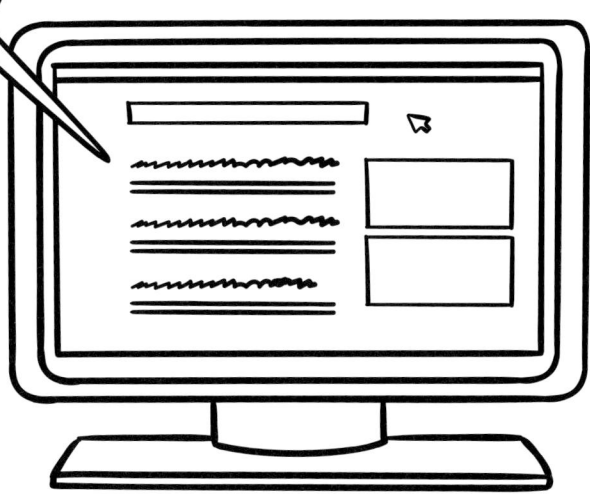

Übrigens waren wir selbst mal auf einer Facebook-Fortbildung. Jörg und ich wurden freundlich begrüßt, wir wurden mit „Sie" angesprochen und man fragte uns, welchen jungen Menschen wir als Mitarbeiter schicken wollen, der sich mit Facebook auseinander setzen will … . puuuuh, das hat gesessen! Aber es machte auch klar, dass die junge Generation die perfekten Social Media und SEO-Betreuer sind! Sie werden als Digital Native damit groß. Quälen Sie sich nicht mit Themen – es sei denn Sie brennen dafür! – und halten Ausschau nach „Nerds", wie sie wir liebevoll nennen, um zu unterstützen.

Sie sollten anderen Menschen in kürzester Zeit verraten können, was Sie machen und wozu das Ganze gut ist. Punktgenau. Erstellen Sie eine Kurzvorstellung, die auch auf Ihrer Homepage erscheinen darf – aber auch immer durch Sie persönlich transportiert wird:

- Wer sind Sie?
- An wen richtet sich Ihr Angebot?
- Wem nutzt Ihre Arbeit?
- Was sind Ihre Stärken?
- Wie findet man Sie?

Elevator Pitch – Sie haben eine Minute Zeit zu sagen, was Sie können!

Aus eigener Erfahrung können wir berichten, dass es wichtig ist, sich schnell vorstellen zu können. Auf einer internationalen Fachtiermesse sind Jörg und ich zu verschiedenen Ständen gegangen, um aus den unterschiedlichsten Gründen mit Händlern ins Gespräch zu kommen. So, und dann mussten wir schnell etwas Geistreiches sagen, damit uns keiner vergisst und unser Gesprächspartner auch erfährt, dass eine Kooperation interessant sein könnte. Darauf sollte man sich vorbereiten … das hatten wir nach dem zweiten Versuch auch gelernt!

Wieso heißt das Elevator Pitch? Stellen Sie sich vor, dass Sie im Aufzug (engl. Elevator) stehen und neben Ihnen wartet ein Mensch, der Ihr Kunde werden könnte, schließlich hat er einen süßen, aber unerzogenen Hund bei sich. Nun haben Sie nicht viel Zeit, aber eine Chance! Machen Sie ihn auf Ihr Angebot aufmerksam. Wenn Sie das nicht punktgenau und attraktiv schaffen, öffnen sich die Fahrstuhltüren und beide sind für immer verschwunden. Waren Sie begeisternd, haben Sie einen neuen Kunden und möglicherweise eine Rückrufbitte auf Ihrem Anrufbeantworter.

Mit einer Homepage sind Sie erst einmal startklar – Sie können gefunden werden und es kann losgehen. Weiterhin folgen aber noch nützliche Tipps, die Sie zudem unbedingt beherzigen sollten.

Content Marketing

Nutzen Sie Content Marketing für sich und Ihre Hundeschule! Mit dem sogenannten Content Marketing setzen Sie Inhalte. Es geht darum, Inhalte zu gestalten, um Menschen für Sie und die Homepage Ihrer Hundeschule zu begeistern. Das geht nicht mal eben schnell, sondern kalkulieren Sie die nächsten zwei Jahre für einen konsequenten Aufbau dafür ein! Wenn es dann aber läuft, lohnt es sich!

Ihr Blog

Content können Sie schaffen, indem Sie beispielsweise einen Blog auf Ihrer Homepage betreiben. Je regelmäßiger Sie schreiben, desto mehr wird Ihre Seite sowohl von Google als auch von Ihren Usern frequentiert. In Ihrem Blog können Sie über Ihr Leben als Hundetrainer schreiben oder über wichtige Themen, die Ihre Hundehalter interessieren, etwa, was man sinnvoll gegen Zecken tun kann, neueste Gesetze und so weiter. Sie können Ihren Blog als Video, Text oder Podcast gestalten. Je kreativer Sie sind, umso besser.

Pflegen Sie aber nicht nur Ihren Blog, sondern schreiben Sie auch Gastbeiträge auf anderen Blogseiten. Durch die gegenseitigen Verlinkungen sammeln Sie dadurch wieder Pluspunkte bei den Suchmaschinen und steigen im Ranking. Kopieren Sie aber niemals eine Seite, denn das erkennen Suchmaschinen als Kopie, was wiederum Ihre Seite im Ranking schmälert.

Beachten Sie: Wenn Sie Werbung für ein Produkt machen, muss dies in Ihrem Blog deutlich sichtbar gekennzeichnet werden. Der Leser muss erkennen, ob es Werbung für etwas ist oder ein Schmankerl aus Ihrem Leben. Sonst kann sich der Leser beschweren, weil er sich in die Irre geführt fühlt und das könnte rechtliche Konsequenzen für Sie haben. Also lieber offensichtlich mitteilen, um was es in Ihrem Blog geht und ob Sie daran Geld verdienen, etwa durch ein Affiliate.

Wir ermutigen Sie gerne, einfach mal loszulegen!

Netzwerken Sie online

Kaum noch geht etwas ohne die sozialen Medien – die Welt ist eng miteinander verbunden. Nutzen Sie das! Legen Sie sich eine eigene Facebookgruppe auf Ihrer Facebookseite für Ihre Hundeschule zu. Hier können Sie Kunden, aber auch potenzielle Hundehalter der Zukunft auf dem Laufenden halten und darüber informieren, was bei Ihnen in der Hundeschule gerade so los ist. Nutzen Sie diese Plattform auch, um sich auszutauschen, Tipps und Ratschläge zu geben (Achtung, natürlich keine Ferndiagnose!) und somit Präsenz zu zeigen.

Dieses Medium ist komplett kostenlos und daher gerade zu Beginn, wo man seine finanziellen Ressourcen schonen möchte, eine gute Einstiegsmöglichkeit. Aber, Facebook-Gruppen (das gilt auch für alle anderen sozialen Medien) müssen langfristig gepflegt werden. Es ist ein stetig wachsender Prozess, der Geduld erfordert.

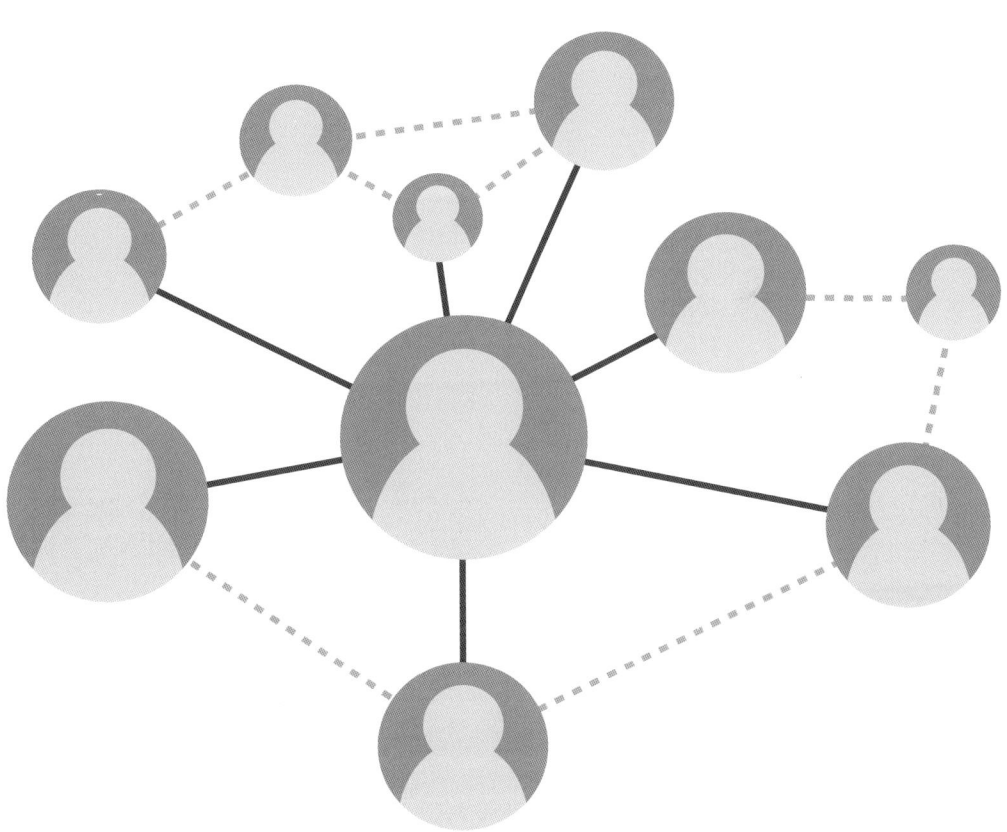

Neben einer Facebookgruppe sollte natürlich auch ein Unternehmerprofil erstellt werden, wo mehrfach am Tag über die Hundeschule gepostet wird. Hierbei ist wichtig, dass es nicht zu werbelastig ist, sondern eine gute Mischung aus Werbung, Mehrwert und Unterhaltung. Ansonsten brechen einem die Follower weg. Es ist nicht untertrieben, wenn man sich für die sozialen Medien täglich eine Stunde Zeit einplant. Hinzu kommt, dass Sie daran denken sollten:

- andere Posts zu liken
- zu kommentieren
- zu teilen

Dies waren nun Beispiele für Facebook – diese können Sie natürlich auf viele weitere soziale Netzwerke übertragen. Als Beispiel sei genannt:

- Google Plus-Firmenseite und die Communities
- Twitter-Kanal
- YouTube- und/ oder Vimeo-Kanal
- XING
- Pinterest
- Instagram
- Tumblr

Hier können Sie sich austoben. Diese Netzwerke sind mittlerweile sehr sinnvoll und wichtig geworden, allerdings kosten Sie viel Zeit. Wir haben Ihnen mal eine Übersicht erstellt, wie Sie Ihre Zeit einteilen können, wenn Sie sich aktiv vernetzen wollen:

Dem Aufbau eines Online-Marketings sollten immer eine Zielsetzung, Analyse, Strategieentwicklung und Umsetzungsplanung vorausgehen, denn Online-Marketing funktioniert nur, wenn klar ist, was dort selbst zu tun oder zu lassen ist.

Social-Media-Kanäle sind zwar meist recht schnell aufgebaut und miteinander verbunden, aber ohne einen Redaktionsplan passiert hier recht wenig. Sie müssen täglich mehrfach Input geben. Um einen qualifizierten Beitrag zu erstellen, wie etwa einen Blog, können Sie pro Beitrag zwischen einer und drei Stunden einplanen. Der Blog muss nicht nur geschrieben werden, sondern auch zudem die Suchkriterien erhalten, nach denen die Suchmaschinen einschätzen, dass dies ein guter Beitrag ist und ihn entsprechend im Ranking nach oben befördern. Plump formuliert haben Sie zwei Adressaten – Ihre potenziellen Hundehalter und die Suchmaschinen. Folglich müssen Sie sowohl inhaltlich interessant aufbereiten als auch technisch für die Maschine. Anschließend wird der Blog hochgeladen. Auch hierbei müssen Sie einen Pfad beachten, dass Sie den meisten Nutzen durch Ihren Blog bekommen, der anschließend am besten noch durch alle weiteren sozialen Netzwerke geteilt und kommentiert wird. Profis empfehlen, dass mindestens zwei Jahre und mindestens dreimal wöchentlich gebloggt wird, damit sich der Blog irgendwann trägt.

Um Ihre sozialen Kanäle zu betreuen (Posts, Pins usw.) benötigen Sie täglich pro sozialem Netzwerk zwischen 20 und 30 Minuten. Hinzu kommt je nach Frequentierung

das Beantworten von Fragen, das auch noch mal sehr zeitintensiv sein kann.

Möchten Sie regelmäßig Videos für YouTube erstellen, planen Sie (zu Beginn) zwischen zwei und vier Stunden für die Produktion, Schnitt, Musik usw. ein. Keine Sorge, je fitter Sie werden, umso schneller geht es auch!

Sie lesen schon: Es ist eine ganze Menge an Zeit! Stellen Sie sich nun die Frage: Will ich das und welchen Nutzen hat es für mich? Wenn Sie es nicht wollen, lassen Sie es oder beauftragen jemanden, der Spaß daran hat und es kann(!). Bearbeiten Sie die sozialen Netzwerke nur widerwillig, werden das Ihre User merken und das wird folglich nicht Ihre schönste Visitenkarte sein.

Um den Nutzen für Sie herauszuarbeiten, stellen Sie sich folgende Fragen:

- Welchen Nutzen habe ich persönlich und meine Hundeschule von diesen Möglichkeiten?

- Welche Kosten kommen auf mich zu, wenn ich das Projekt „soziale Netzwerke" selbst betreue oder es an einen Profi abgebe?

- Welche Kanäle funktionieren in meiner Hundebranche in der Praxis?

Natürlich müssen Sie nicht alles gleichzeitig bespielen, Sie können auch ganz entspannt mit einem Medium starten, um dann im Laufe der Zeit ein weiteres zu etablieren. Also, keine Sorge – übrigens geht da auch allmählich das moderne und professionelle Marketing wieder hin, das man sagt – wahrscheinlich um nicht verrückt zu werden: Man muss nicht alles mitmachen! Aber was man anpackt, das auch richtig!

Ihre Vorteile der sozialen Medien auf einen Blick!

- *Sie können einen großen Marketingbereich recht kostengünstig in Eigenregie aufbauen.*
- *Natürlich können Sie auch kostenpflichtige Dinge tun, um über die sozialen Netzwerke mehr Kunden zu bekommen. Für manche Projekte gibt es auch Fördertöpfe.*
- *Sie bauen Reichweite auf.*
- *Sie präsentieren Ihr Wissen und werden als Experte wahrgenommen.*
- *Sie lernen viele Menschen kennen, die Sie über den normalen Weg sonst nicht kennenlernen würden.*
- *Sie können sich Ihre Zeit für die sozialen Netzwerke frei einteilen und Korrekturen sind schnell möglich, sollte Ihnen mal ein Fehler unterlaufen.*
- *Sie können neue Kunden akquirieren und auch Bestandskunden über diesen Weg betreuen.*
- *Durch Ihre Präsenz sind Sie für Ihre Kunden immer verfügbar – ein toller Service! Ihre Kunden erhalten einen Überblick, wann Sie etwas wo und wie anbieten. Schnell und unkompliziert.*
- *Sie können Ihren Erfolg messen. Sie können sich eine taggenaue Aufstellung anzeigen lassen, wie oft wer von wo auf Ihre Seiten gekommen ist. Das ist extrem wichtig, weil Sie somit direkt Einfluss auf Ihre Leserschaft nehmen können und deren Wünsche einfließen lassen können. Dies haben Sie beispielsweise bei dem Schalten einer Anzeige in einem Printmedium nicht. Sie wissen nicht, was zu Ihnen zurückkommt.*

Wenn Sie, ähnlich wie wir, eher zu den Leuten gehören, die sich voll und ganz auf das Hundetraining spezialisieren wollen und somit das Thema Marketing lieber abgeben möchten, noch eine kleine Info:

Sollten Sie sich eine Werbeagentur suchen, werden Sie feststellen, dass diese nicht alles kann. Das klingt schmerzlich, ist aber nicht so. Stellen Sie sich darauf ein, dass Sie im Marketing mit mehreren Profis / Agenturen zusammenarbeiten werden. Der eine kann eine wunderschöne Homepage designen, allerdings ist sie nicht zu finden. Das hilft nicht, Sie benötigen zum Designer auch den SEO-Spezialisten. Zudem sollte ein technisch versierter Profi Sie bei sämtlichen Fragen und Änderungswünschen unterstützen. Ein Social Media Profi kann die Seite dann ins rechte Licht setzen. Zugegebenermaßen hatten wir uns das auch einfacher vorgestellt. Dem ist aber nicht so – je eher Sie sich also gedanklich auf mehrere Profis einstellen, umso besser! Aber dennoch schön zu wissen: Sie sind nicht allein! Im wahrsten Sinne des Wortes!

Der Klassiker – Ihr Newsletter

Nutzen Sie die Möglichkeiten und erstellen Sie regelmäßig einen Newsletter – etwa einmal pro Monat. Ein Newsletter informiert nicht nur über die wichtigsten Geschehnisse in der Hundeschule, sondern ist ein wichtiges Instrument, um neue Kontakte zu knüpfen. Derjenige, der Ihren Newsletter haben will, willigt bewusst ein (Double-Opt-in bedenken!), dass Sie ihn anschreiben dürfen. In Zeiten von Datenschutz ein wichtiges Gut! Viele Programme, wie Wordpress etwa, stellen schon Newsletter-Layouts zur Verfügung, sodass es gar nicht schwer ist, seinen eigenen Newsletter zu erstellen und über das eigene System zu versenden.

Achten Sie nur immer auf die rechtlich korrekten Komponenten, wie:

- Der Leser darf nicht in die Irre geführt werden.

- Er muss freiwillig zustimmen, wenn er den Newsletter abonniert.

- Der Newsletter darf nicht an eine Wenn-dann-Bedingung geknüpft sein (Kopplungsverbot). Beispiel: „Sie bekommen den Newsletter nur, wenn Sie drei Kurse bei mir buchen …"

- Es muss in jedem Newsletter erkenntlich gemacht werden, dass man sich jederzeit in einfachen Schritten wieder austragen kann.

- Der Newsletter muss aus einem Double-Opt-in-Verfahren bestehen. Das heißt, dass die E-Mailadresse, die in einen Newsletter eingetragen wird, zuerst vom Inhaber bestätigt werden muss, bevor Sie diese verwenden können. Prüfen Sie Ihr System auf diese Vorgabe!

Nun gibt es sicherlich auch Marketingmaßnahmen, die mal ihre Berechtigung hatten, jedoch mittlerweile nicht mehr up to date sind. Dazu zählen Einträge im Telefonbuch. Vielleicht schwebt Ihnen auch Größeres vor und Sie möchten eine Messe besuchen. Das ist sicherlich eine gute Idee, allerding sehr kostspielig und das kann sich zu Beginn kaum ein angehender Hundetrainer leisten. Auch muss ein Messebesuch Monate im Voraus gut geplant werden und, damit es überhaupt interessant für Sie ist, gut nachbearbeitet werden. Eine Messe nimmt also nicht nur finanzielle Komponenten in Anspruch, sondern benötigt auch zeitliche Kontingente.

Bei allen Texten, die formuliert werden, achten Sie immer auf die Sicht des Kunden. Sie als Unternehmer „ticken" anders, als Ihre Kunden, die sich etwas anderes wünschen. Daran sollten Sie sich bei allen Dingen orientieren, die Sie für Ihre Hundeschule planen. Will das der Kunde?

Netzwerken Sie persönlich

Alleine können Sie sicherlich starten – aber im Austausch ist es immer schöner. Suchen Sie sich ein Netzwerk. Kommunizieren Sie mit anderen:

- Hundetrainern
- Tierheilpraktikern
- Tierärzten
- Tier-Physiotherapeuten
- Tierheimen
- Pflegestellen
- Futter- und Zoofachgeschäften
- usw.

Bleiben Sie aktiv und lernen neue Leute kennen. Natürlich kann es sein, dass der eine oder andere „konkurrenzlastig" denkt und sich nicht mit Ihnen austauschen möchte. Akzeptieren Sie das, aber geben Sie an dieser Stelle nicht auf. Sie werden merken, dass eine Kooperation immer mehr bereichert, als die Angst vor möglicher Konkurrenz. Es wird in Ihrer Hand liegen – ein zufriedener Kunde wird nicht zu einem anderen Trainer wechseln – warum sollte er das tun?

Flyer und Visitenkarten

Früher waren sie gang und gäbe: Flyer und Visitenkarten. Heute überlegt man sorgfältig, ob sie einen wirklichen Mehrwert haben, da die Homepage schon einige Aufgaben übernimmt.

Flyer sind zum Auslegen da. Die kleinen praktischen Handzettel, werden gerne – auch mal schnell – mitgenommen und man hat einen kleinen Reminder geschaffen, und man sorgt für (s)einen Wiedererkennungswert. Daher sind Flyer eine sinnvolle Ergänzung.

Gestalten Sie diese im Stile Ihrer Homepage, sodass Ihre CI (Corporate Identity – also die Identität Ihres Unternehmens) komplett aufeinander abgestimmt ist. Sie können die Flyer selbst verteilen und sich bei den Kollegen der Branche oder bei Fremdauslegestellen kurz vorstellen. Das ist recht zeitintensiv, aber am Anfang auch sehr sinnvoll. Sie können die Zeit nutzen, um sich direkt vorzustellen – denken Sie an Ihren Aufzug! Bereiten Sie sich ein wenig auf die Auslage vor.

Auch werden Sie später immer mal wieder Flyer auslegen, denn Sie sollten auch im Auge halten, wann Ihre Flyer sich dem Ende neigen und neue ausgelegt werden. So können Sie eine kleine Buchführung darüber halten, an welchen Stellen Ihre Flyer besonders beliebt sind beziehungsweise es sich vielleicht doch nicht lohnt, diese dort auszulegen. Später können Sie die Auslage auch an einen professionellen Flyerverteiler abgeben. Dieser bekommt eine große Anzahl Ihrer Flyer und teilt diese aus. Meist erhalten Sie als Feedback eine Stempelliste mit den Auslagestellen oder Fotos, sodass Sie wissen, wo Ihre Flyer ausliegen. Somit können Sie Ihre Statistik weiterführen, auch, wenn Sie die Flyer nicht selbst ausgelegt haben.

Das Wichtigste bei der Auslage von Flyern ist jedoch, dass Sie wissen, dass eine einmalige Auslage nicht effektiv sein muss. Planen Sie die Flyermaßnahmen direkt über ein oder zwei Jahre. Wann und wie oft fahren Sie die Auslageposten ab? Legen Sie sich auch eine kleine Werbebox in Ihrem Auto an, in der Sie Flyer positionieren, sodass Sie immer welche dabeihaben.

Visitenkarten

Eine Visitenkarte unterstützt Sie am besten, wenn Sie diese persönlich abgeben – einfach aus dem Gespräch heraus. Dann sind Sie dem Hundehalter am besten in Erinnerung und Ihre Karte kann gezielt eingesetzt werden. Einfaches Auslegen reicht meistens nicht aus. Hier haben der Visitenkarte sowohl der Flyer als auch das Internet den Rang abgelaufen.

Der Vorteil einer Visitenkarte liegt jedoch klar auf der Hand: Sie ist schneller hergestellt und kostengünstiger als ein Flyer.

Autowerbung – Fluch und Segen zugleich

Wenn Sie viel mit Ihrem Auto unterwegs sind, liegt es nah, sich Gedanken darüber zu machen, ob Sie dies mit Autowerbung bekleben wollen. Dabei gibt es heute tolle Möglichkeiten, die Ihr Autolack gut vertragen kann. Sie können Folien nutzen oder mittlerweile auch Magnetaufschriften, die Sie – je nach Wunsch und Tageslaune – auch ab- oder anlegen können.

Beachten Sie auch hier folgende Punkte: Derjenige, der Ihre Werbung sieht, sieht in den meisten Fällen Ihr fahrendes Auto. Das Auge muss also in kürzester Zeit erfassen können, was Sie dem Hundehalter anbieten wollen – nämlich Ihre Dienstleistung. Somit sollten Sie sich auf die wesentlichen Informationen beschränken, wie:

- Name der Hundeschule
- Homepage
- gegebenenfalls ein Eye-Catcher (etwa Ihr Logo)

Somit kann sich der Passant oder der an der Ampel hinter Ihnen wartende Autofahrer fix die wichtigsten Punkte merken und Sie im Internet finden. Telefonnummern werden heutzutage immer länger. Arbeiten Sie überregional, muss auch noch die Vorwahl erkennbar sein. Aus diesem Grund legen Sie den Fokus auf die Homepage, die schnell zu finden ist. Selbst, wenn der Kunde Sie lieber anrufen möchte, anstelle Ihnen eine Mail zu schreiben, kann er die Nummer auf Ihrer Homepage erfahren. Alles ganz problemlos.

Überlegen Sie auch, welcher Typ Sie sind. Wir sind beispielsweise, bedingt durch viele Kinder und Hunde, immer unterwegs und das Auto wird ordentlich belastet. Folglich gehören wir leider nicht zu der Fraktion, die immer ein sauberes Auto nachweisen kann, sondern eher die einen oder anderen Krümel und Hundehaare zu finden sind. Das ist der Grund, warum wir KEINE Autowerbung fahren, sondern lieber „Undercover" unterwegs sind. Es würde uns extrem stressen, weil unser Privatauto leider nicht unsere professionelle Hundeschule oder das Schulungszentrum für Hundetrainer repräsentieren würde. Also, lieber entstresst, dafür keine Werbung. Aber wir wissen auch von vielen Teilnehmern, wie effektiv Autowerbung sein kann. Folglich wägen Sie ab, was für Sie infrage kommt.

Arbeitskleidung für den Hundeplatz

Nun stehen Überlegungen an, ob Sie auch Arbeitskleidung benötigen. Oft leiden Hundetrainer ein wenig unter dem Ruf, dass man sie prinzipiell an Cargohosen, Westen, Baseballkappen und Schleppleinen erkennt. Viele Hundetrainer lieben diese Ausstattung, andere aber wiederum nicht. Überlegen Sie sich, in was Sie sich wohlfühlen! Sie repräsentieren Ihr Unternehmen.

Wir wurden mal für Filmaufnahmen gebucht. Dort sollten wir als Verhaltensberater auftreten und unser Wissen unter Beweis stellen. Wir kamen dort in unseren ganz normalen Sachen hin – so, wie wir immer arbeiten: In Jeans und T-Shirt. Dann erzählte uns die Redaktion, dass dies nicht ginge, sondern wir Jogginganzüge anziehen sollten. Dies hätten schließlich viele Hundehalter und Hundetrainer in Vereinen an. Wir sind ganz bestimmt nicht kompliziert, aber das Tragen von Jogginganzügen hätte uns komplett aus unserer Rolle geworfen, da wir diese weder privat noch beruflich tragen. Wir wären nicht authentisch gewesen und hätten unseren Auftrag auch sicher nicht so gut abgelegt, wenn wir in Arbeitskleidung aufgetreten wären, die nicht zu uns passt.

Fazit: Tragen Sie das, was Ihnen Freude macht und Sie einen hervorragenden Job machen werden! Sie müssen sich wohlfühlen. Zudem gibt es heutzutage so viele tolle Ausstatter, sodass für jeden etwas dabei ist!

Schauen Sie, was Sie nutzen wollen – mit oder ohne Werbung – denn Sie repräsentieren am besten, wenn Sie „echt" sind! Entscheiden Sie sich jedoch für die Werbung, dann gilt Ähnliches wie bei der Autowerbung: Kurz und knackig – die wichtigsten Infos.

Die „Pink Lady"

Wir haben eine sehr nette Teilnehmerin bei uns in der Ausbildungsstaffel gehabt. Sie liebte neben Hunden die Farbe „pink". Alles war pink, die Hundeleine, das Haargummi, die Klamotten, auch bei der Wahl des Ambientes ihrer Hundeschule fand man konsequent die Farbe pink. Was zuerst lächelnd wahrgenommen wurde, entpuppte sich jedoch als tolle Marketingstrategie (auch, wenn das erst nicht der primäre Gedanke der Hundetrainerin war). Jeder kannte die „Pink Lady" und schnell ging es über, dass Ihr Kunden kleine Mitbringsel – natürlich – in pink mitbrachten. Wer übrigens bei Claudia mal schauen möchte: https://www.hundeschule-nusse.de Natürlich hatten wir Claudia gewarnt, dass wir den Link hier gerne angeben möchten. Sie freut sich auch über rege Kontaktaufnahme! Ein großartiger Zufall! Schauen Sie mal, was bei Ihnen so heraussticht?

Kundenbindung

Haben Sie erst einmal neue Kunden gewinnen können, kommt der schwierige Teil – nämlich, dass Sie Ihre Kunden lange und glücklich behalten. Während die Gewinnung von Kunden schon eine Herausforderung darstellen kann, ist es oft noch schwieriger, Kunden dauerhaft zu binden. Dennoch ist es sehr wichtig, aus Laufkundschaft Stammkunden zu machen. Doch wie geht das? Hier ein paar Tipps:

Erkennen Sie die Bedürfnisse Ihrer Kunden
Als Hundetrainer hat man direkt Kontakt zu seinen Kunden. Das kann genutzt werden, um sich von Zeit zu Zeit Rückmeldungen der Kunden zu holen und somit die Kundenbindung zu festigen.

Kundenbindung durch Kommunikation
Neben der Zufriedenstellung des Kunden geht es außerdem darum, beim Kunden präsent zu bleiben. Kunden, die für kurze Zeit nicht in der Lage sind, Ihre Praxis zu besuchen, sollten trotzdem die Möglichkeit

haben, mit Ihnen in Kontakt zu bleiben. Dies geht zum Beispiel mit monatlichen Newslettern und anderen Marketing-Maßnahmen. So bleibt man als erste Alternative im Kopf des Kunden präsent. Aber Achtung: Treffen Sie Maßnahmen zum Datenschutz!

Kunden mögen es außerdem, ehrliche Wertschätzung zu erfahren. Es ist gut, dem Kunden zu zeigen, dass man sich über ihn freut. Kleine Grüße zum Geburtstag oder Weihnachten überraschen und erfreuen den Kunden sehr positiv. Sie geben ihm ein gutes Gefühl der Zugehörigkeit. Auch besondere Rabattaktionen für Kunden bieten sich an. Diese Art von persönlichem Marketing kann besonders wirksam sein.

Planen Sie gemeinsame und regelmäßige – circa drei bis vier Mal pro Jahr – Ausflüge mit Ihren Kunden. Mal in den Tierpark, mal in einen schönen Park mit anschließendem Café-Besuch, das erfreut die Kunden und Sie bleiben in ihren Köpfen.

Telefonsprechstunde

Eine Telefonsprechstunde kann ein weiterer Service für Ihren Hundehalter sein, den sowohl Stammkunden als auch neue Interessenten wahrnehmen können. Diese können Sie minutengenau, im 10- oder 15-Minuten-Takt abrechnen. Typische Preise hier liegen bei 12 € bis 15 € pro 15 Minuten.

KAPITEL 4
Ihr Alltag beginnt

Sie waren bisher sehr tapfer und haben Großartiges geleistet! Ihre Struktur und Ihr Businessplan stehen, Sie haben sich mit Ihrer Buchhaltung, Ihren Preisen und Ihrem Marketing auseinandergesetzt. Nun wird es Zeit, dass wir uns mit Ihrer Hundeschule und Ihren Kunden auseinandersetzen – es geht los!

Bei allen Planungen stellen Sie das Bedürfnis Ihrer Kunden mit Ihnen gemeinsam an erste Stelle:

Damit unsere Behandlung auch wirklich individuell ist, sollten Sie wahrnehmen, was Ihrem Kunden wirklich wichtig ist. Folgende Punkte sollten eindeutig sein:

- **Anliegen:**
  Was will er ganz genau? Was steckt vielleicht noch hinter seinem geäußerten Wunsch?

- **Ängste:**
  Hat er Bedenken oder Sorgen?

- **Abneigungen:**
  Worauf müssen wir achten, was unser Kunde auf keinen Fall möchte?

- **Wünsche:**
  Wie stellt er sich den Ablauf genau vor? Welche Details sind zu beachten?

- **Hoffnungen:**
  Was soll am Ende herauskommen und wie wichtig ist ihm das wirklich?

Der Stundenplan

Erstellen Sie einen Stundenplan für die nächsten neun Monate!

Wann möchten und können Sie welche Kurse geben? Erstellen Sie einen Stundenplan, den Sie anschließend als Kalenderfunktion in Ihrer Homepage verankern, sodass Ihre Kunden direkt sehen, wann welche Kurse laufen und wie lange diese gehen.

Planen Sie Zeiten ein für Gruppenstunden – diese sind immer fortlaufend –, aber auch für Einzelstunden. Diese werden meist wöchentlich und spontan vergeben. Auch, wenn Sie ein gutes Bauchgefühl zu dem haben, was Sie wollen, also Einzel- oder Gruppenunterricht zu geben, werden Sie aber merken, dass dies auch mit den Kundenwünschen und den entsprechenden Kundenqualifikationen zu tun hat. Einige Kunden rufen an und wünschen sich einen Gruppen-Erziehungskurs. Im Kurs stellen Sie aber schnell fest, dass Ihnen das Team den Rahmen sprengt, weil der Hund vielleicht gar nicht gruppenfreundlich reagiert und starke Aggressionen gegenüber anderen Kundenhunden zeigt. Puh, erster Schweißausbruch. Hier kann er für den Übergang helfen, wenn dieser Hund die Gruppe verlässt und erst einmal Einzelunterricht genießt, bis er wieder integrierbar ist. Sie merken, hier wird Ihre gute Planung bereits auf die Probe gestellt. Also, Ruhe bewahren und das Problem lösen:

- Planen Sie nur 50 % der Zeit für Gruppenstunden ein, dann haben Sie genug Zeitfenster für Einzelstunden über. Das entspannt Sie schon einmal. Sie werden im Laufe der Zeit sehen, wie stark Sie sich einspannen.

- Übernehmen Sie den Hund / Kunden, der nicht in die Gruppe passt, lieber von Anfang an in eine Einzelstunde oder einen anderen Kurs. Warten Sie niemals zu lange (dazu neigt man am Anfang, denn vielleicht wird ja noch alles gut – NEIN! Zumindest nicht, wenn Sie als Trainer nur zusehen. Hundehalter können das Problem nicht von alleine lösen, deshalb kommen Sie ja zu Ihnen).

- Lassen Sie sich zwischen zwei Terminen, die an ein und demselben Standort stattfinden, immer mindestens 15 Minuten Pause! Brechen Sie Stunden punktgenau ab, interpretiert der Kunde das so, als hecheln Sie von Termin zu Termin. Außerdem entstehen *immer* Rückfragen oder ein kleiner Smalltalk nach den Stunden. Damit Sie nicht unter Zeitdruck geraten und auch mal entspannt die Toilette aufsuchen können, denken Sie an Pausezeiten.

Stundenplan für Gruppenkurse und Einzelstunden

Kalenderwoche XX

Zeit	Montag	Dienstag	Mittwoch	Donnerstag	Freitag	Samstag	Sonntag
Ganztägig	Ruhetag						
08:00							
09:00							
10:00			Einzeltraining			Einzeltraining	
11:00							
12:00							Junghundekurs
13:00					Welpenkurs		
14:00			Sozialtraining				
15:00							Agilitykurs
16:00		Dummtraining					
17:00			Welpenkurs				
18:00							
19:00					Longenkurs		
20:00							

Die Kopier- und Downloadvorlage finden Sie auf S. 232

Ein gut strukturierter Stundenplan unterstützt Sie auch, Ihre eigenen Ruhephasen wahrzunehmen. Ja, wir wissen es, jetzt wollen Sie gerade anfangen und wir erzählen etwas von Ruhephasen … aber: Sie werden Ihren Beruf als Hundetrainer lieben und den Aufbau Ihrer eigenen Existenz hüten und pflegen, jedoch dürfen Sie sich dabei nicht vergessen, ansonsten sagt Ihnen Ihr Körper nach zwei Jahren, dass eine Zwangspause nötig ist. Das wiederum schlägt höhere Wellen, als dass Sie stattdessen dafür sorgen, zwei freie Tage pro Woche zu haben und auch täglich eine angemessenen Stundenanzahl zu arbeiten. Läuft Ihre Hundeschule nämlich auf Hochtouren, fällt es schwer, sich auf neue Muster einzustellen. Folglich planen Sie Arbeit und Freizeit gleichermaßen ein!

Was ist ein Telefon-Spickzettel?

Ihr Diensthandy klingelt, Sie sitzen im Auto und eigentlich ist es schlecht, weil Sie gerade Ihre Tochter von der Schule abholen. Aber das können wir uns nun mal nicht aussuchen, wann ein Kunde anruft. Im Gegenteil, seien Sie dankbar, dass es klingelt und gehen Sie ran, es kann schließlich ein potenzieller Neukunde sein. Entstressen Sie sich aber und seien vorbereitet. Im Auto, am Kühlschrank, Ihrem Büro und in der Nähe des Telefons sollten Sie immer einen / mehrere Blöcke mit einem Spickzettel parat halten, um alle wichtigen Infos schnell beisammen zu haben. Während des

Arbeitsblätter und Checklisten

Vereinfachen Sie sich Ihren Alltag mit sinnvollen Helferlein, dazu gehören:

- Ein Telefon-Spickzettel
- Ein Anmeldeformular – direkt online oder als Papierversion
- Anamnesebogen
- Kundenkartei für den Stundenverlauf
- Hausaufgabenzettel
- Feedbackbögen

Telefonats sollten Sie folgende Punkte festhalten:

- Vorname und Nachname des Hundehalters – Max Mustermann
- Telefonnummer und Mailadresse - 01234567890
- Name des Hundes – Otto
- Alter des Hundes – 1,5 Jahre
- Geschlecht: männlich
- Kastriert: nein
- Hunderasse: Boxer
- Welches Problem (Stichpunkte!): Verdacht auf Leinenaggression
- Mein To-do: 24.03. – 10:00h // Musterstraße 5 → Termin muss in den Kalender übertragen werden

---

Telefonnotiz

Datum: *15.03.XXXX* Uhrzeit: *15:30*

Vor- und Nachname: *Max Mustermann*

Telefon: *01234 567890* Mobil: *0123 4567890*

E-Mail-Adresse: *Max@mustermann.de*

Anschrift: *Musterstraße 1, 12345 Musterstadt*

Name des Hundes: *Otto* Alter des Hundes: *1,5 Jahre*

Geschlecht des Hundes: ☐ weiblich ☒ männlich

Kastriert: ☐ ja, am: ☒ nein

Rasse: *Boxer*

Welches Problem *(Stichpunkte):*

Verdacht auf Leinenaggression

Mein To-Do:

Musterstraße 1 → Termin muss in den Kalender übertragen werden

---

Die Kopier- und Downloadvorlage finden Sie auf S. 231

Dies sind die ersten wichtigen Daten für Sie! Sie haben einen Ansprechpartner und können diesen nun telefonisch (am besten per Handy) und / oder per Mail erreichen, sollten Sie zum Beispiel einen Termin verschieben müssen. Sie können sich bis zum Termin den Namen des Hundes merken, das freut jeden Hundehalter und das erste Kennlerngespräch wird direkt persönlicher. Sie wissen auch schon in welcher Altersphase sich „Otto" befindet, nämlich, dass der Gute vielleicht in seiner zweiten Pubertät sein könnte (Achtung: Bestätigen tut sich das, wenn Sie eine ausführliche Anamnese durchgeführt haben, vorher nicht. Aus diesem Grund reicht das Alter aus, um eine grobe Einteilung zu haben, mit welchem Hundealter wir es zu tun bekommen). Sie wissen, dass Otto männlich und unkastriert ist – weiteres hierzu erfahren Sie dann im Gespräch vor Ort.

Zu erfahren, um welche Hunderasse es sich handelt, ist für Sie wichtig, weil Sie sich bis zu Ihrem Erst- oder Infogespräch über die Hunderasse informieren können, falls Ihnen diese noch nicht bekannt ist. Bei einem Boxer geht das meist noch, aber ein norwegischer Buhund ist nicht immer gleich ein Begriff. Da ist man als Trainer froh, wenn man noch Zeit bis zum Gespräch hat und sich vorbereiten kann. Die Charaktereigenschaften aus einem Rassestandardbuch entsprechen nicht immer den realen Verhaltensweisen eines Hundes. Meist reicht ein kurzer Überblick, zu welchen Arbeits- und Gebrauchszwecken Hunde gezüchtet wurden, da die genetische Komponente eine wichtige Rolle spielt und für mögliche Verhaltensweisen entscheidend sein kann, die den Hundehalter stören.

Wir haben bewusst dazu geschrieben, dass Sie sich das Problem des Hundehalters in Stichpunkten notieren und auch am besten gezielt danach fragen: „Was hat Otto für ein Problem?" Hundehalter meinen es gut und möchten Sie als Hundetrainer bestmöglich informieren. Dabei kommt man jedoch auch mal schnell vom Thema ab. Noch wissen Sie auch nicht, um welches Problem es sich genau handelt, das müssen Sie im ausführlichen Gespräch erst erörtern, vor allem, wenn der Hund auch anwesend ist. Lassen Sie sich an dieser Stelle nicht auf ein telefonisches Erstgespräch ein! Das geht in Ferndiagnosen über, die sehr unseriös sind und auch den potenziellen Hundehalter auf Alleingänge schickt, er sich freundlich bedankt, Ihre Tipps (passend oder nicht passend für diesen Fall) ausprobiert und sich nie wieder meldet. Im besten Fall – auf den Hund bezogen – funktioniert Ihr Tipp, der Kunde freut sich, aber Sie verdienen kein Geld. Sie werden vielleicht weiterempfohlen, aber der anschließende Kunde ist verwirrt, warum es keinen Tipp am Telefon gibt und ist unzufrieden ... Auf der anderen Seite kann Ihr Tipp auch falsch sein und der Kunde denkt sich, dass Sie keine Ahnung haben und wird sich auch nicht mehr melden.

Also, was ist Ziel Ihres Spickzettels und eines Erstkontakts?

Sie wollen in kurzer Zeit (Ihre Zeit ist ab jetzt Ihr Geld!) die wichtigsten Punkte des Hundes erfassen, um sich auf ein Infogespäch vorzubereiten, das Sie dem Hundehalter verkaufen wollen!

Ein kleines Memo für Sie ist der letzte Punkt: Sammeln Sie Ihre Zettel ein und übertragen die To-do´s direkt an die passenden Stellen.

Planen Sie maximal fünf Minuten für dieses Erstgespräch am Telefon ein. Ja, wir wissen, am Anfang hat man noch nicht die Routine, aber anderthalbstündige Gespräche, die nur das oben genannte Ergebnis haben sollen, sind auf Dauer ein wirtschaftlicher Totalschaden, und denken Sie daran, Ihre Tochter sitzt die anderthalb Stunden wenig begeistert mit im Auto.

Möchte sich der Kunde nicht telefonisch bei Ihnen melden, können Sie auch ein Kontaktformular auf Ihrer Homepage einbauen, das direkt die oben genannten Punkte abhandelt. Dann müssen Sie keine Rückfragen stellen und einen langen Mailverkehr pflegen, sondern können direkt mit einem Termin bestätigen. Alternativ können Sie auch freie Zeitfenster in einen Onlinekalender auf der Homepage einpflegen, sodass der Kunde selbst buchen kann. Vereinfachen Sie alles, was für Sie möglich ist, aber natürlich nur so, wie es auch angenehm für Sie ist.

Ihre kleinen Spicker sind somit ein wichtiges Hilfsmittel, das Struktur in stressige Momente bringt, schließlich können Sie sich an dem roten Faden orientieren. Im Anhang haben wir Ihnen übrigens eine Reihe von Vorlagen zur Verfügung gestellt, die Sie gerne kopieren und nutzen dürfen!

Typische Fehlerteufelchen, die Sie schnell in den Griff bekommen können

Der Hundehalter erzählt so viel über den Hund, dass das Gespräch sehr zeitintensiv ist. Wir neigen dazu, direkt helfen zu wollen und geben Tipps und Trainingshilfen, ohne den Hund vorher gesehen zu haben. Dabei sind jedoch zwei Dinge unbedingt zu beachten: Die Tipps können falsch sein! Ferndiagnosen und Ferntherapien haben nichts mit professionellem Hundetraining zu tun. Was ist eigentlich das Ziel des Telefonates? Wir wollen Hund und Halter glücklich machen und als Kunden gewinnen. Nennen wir Tipps schon am Telefon, so werden diese vom Hundehalter bereits vor dem eigentlichen Hundetraining umgesetzt.

Voreilig werden im Kopf Diagnosen und Prognosen gestellt und als Muster „abgespeichert". Bis zum Termin vergehen noch ein paar Tage und die vorgefasste Meinung verfestigt sich in unserem Gehirn. Sie kann aber grundsätzlich auch falsch sein.

Hier noch einige „Klassiker", die Sie dem Hundehalter noch kurz am Telefon mitteilen sollten:

- Der Hundehalter sollte daran erinnert werden, dass der Hund auch beim Erstgespräch dabei sein sollte.

- Der zeitliche Rahmen des Erstgesprächs liegt bei 45 – 60 Minuten und es kostet XX,- Euro.

Bei dem Telefonat sollten Sie darauf achten, die Gesprächsführung zu behalten, sonst verlieren Sie das gesteckte Ziel aus den Augen, was dann schnell dazu führen kann, dass das Gespräch auch am Telefon eine Stunde dauert. Das „optimale" Telefongespräch dauert nicht länger als fünf bis acht Minuten! Am einfachsten und effektivsten ist hierfür die Fragetechnik. Wenn ich derjenige bin, der fragt, muss der andere antworten. So können Sie das Gespräch lenken und die Führungsrolle übernehmen.

Das Anmeldeformular

Aber es gibt noch mehr Formulare. Sie benötigen einen kleinen Vertrag, also eine Anmeldung mit und von Ihrem Kunden. Diesen können Sie online zur Verfügung stellen, sodass der Kunde Ihnen diesen direkt zum Gespräch mitbringen kann oder vor Ort bei Ihnen ausfüllt.

Darauf sollten folgende Punkte abgefragt werden:

Angaben zum Hundehalter:

Name :   Vorname:
Straße und Hausnummer:
PLZ/ Stadt:
Telefon: Mobil:
E_Mail: Empfehlung durch:
Angaben zum Hund:
Name: Rasse:
Geschlecht: Alter/Geb.-Datum:
Kastriert: wenn ja, warum?

- **Bitte beachten Sie, dass jeder Hundehalter für sich selbst und seinen Hund haftet.**

☐ Ich nehme die Datenschutzbestimmungen von Ziemer&Falke GmbH und Co. KG zur Kenntnis.

☐ Ich erkläre mich mit den AGB von Ziemer&Falke GmbH und Co. KG einverstanden.

Unsere AGB sowie die Datenschutzbestimmungen finden Sie zum Nachlesen auf unserer Internetseite unter www.ziemer-falke.de/allgemeine-geschaeftsbedingungen/ und unter www.ziemer-falke.de/datenschutzerklaerung/.

☐ Ich willige ein, dass Ziemer&Falke GmbH und Co. KG meine personenbezogenen Daten (zum Beispiel Name und Telefonnummer) zur Kommunikation bezüglich meinen Kursen, Terminen oder etwaige Ausfällen unter Nutzung der Instant-Messaging-Dienste „WhatsApp" sowie „WhatsApp Business" der WhatsApp, Inc., 1601 Willow Road, Menlo Park, California 94025, USA, verarbeitet. Mir ist bewusst, dass ich diese Einwilligung jederzeit ohne Angabe von Gründen für die Zukunft widerrufen kann, indem ich der Ziemer&Falke GmbH und Co. KG postalisch (Blanker Schlatt 15, 26197 Großenkneten) oder per E-Mail (*info@ziemer-falke.de*) meinen Widerruf mitteile.

_____ _____
Datum und Unterschrift
Sind Sie an unserem monatlichen Newsletter interessiert? Ja ☐ Nein ☐

Hundeschule Ziemer&Falke • Blanker Schlatt 15 • 26197 Großenkneten-Sage • 04435-9705990

Mit den rechtlichen Punkten auf der Anmeldung bedeutet das nicht gleich juristisch, dass alles in Butter ist und Sie aus allem raus sind. Sie können erst einmal nur beweisen, dass Sie Ihren Kunden darauf hingewiesen haben, dass er als Hundehalter selbst haftet. Das gibt einen kleinen Pluspunkt, aber bedeutet eben nicht, dass Sie jeden Rechtsstreit auch wirklich gewinnen.

Die Datenschutzverordnung, die sich auf Ihrer Homepage befindet, sollte genannt werden und der Hundehalter sollte diese aktiv (!), also mit einem Kreuz bestätigen. Das gilt auch für die Anerkennung der AGB, auf die ebenfalls verwiesen werden sollte. Machen Sie diese Verträge online, sollten Ihre DSGVO und die AGB an den Kunden per Mail in Ihrer Bestellbestätigungsmail leicht zu finden sein, etwa als PDF-Anhang. Der zusätzliche Hinweis, wo die DSGVO und die AGB zu finden sind, zeigt auch Ihren guten Willen, dass sich der Hundehalter schnell zurechtfindet und die nötigen Infos auch leicht zugänglich gemacht bekommt.

Genauso aktiv sollten Sie auch das Kreuz für die Kommunikation setzen lassen. Hat es sich eingebürgert, dass Sie mit Ihren Kunden beispielsweise über WhatsApp kommunizieren, muss der Kunde dazu einwilligen, andernfalls dürfen Sie ihn als Geschäftsperson nicht einfach darüber anschreiben. WhatsApp ist für viele einfach sehr bequem, da Gruppen gebildet werden können. Sie können also mit nur einer Nachricht alle sechs Teilnehmer erreichen und die Info senden, dass Sie im Stau stehen und der Kurs 10 Minuten später startet – und eben nicht sechsmal einzeln.

Die Datenschutzverordnung – die an sich ja nicht neu ist – aber in letzter Zeit nochmal ein Update erhalten hat, möchte Privatpersonen schützen, indem diese nachvollziehen können, wo ihre Daten gespeichert werden und was mit ihnen geschieht und diese eben nicht einfach weitergegeben werden. Das macht auch alles schon Sinn. Sie müssen nur eben von jedem Schritt im Umgang der Daten informieren, wer diese bekommt und es muss eine Einwilligungserklärung – die jederzeit widerrufen werden kann – vorliegen. Dann ist alles in Ordnung. Beachten Sie auch, dass die jeweils anderen Kunden des Kurses bei Nutzung von WhatsApp die Telefonnummer und Profilbilder des Kunden auch sehen. Also, es müssen alle einstimmig zustimmen, so dass es keinen Ärger gibt. Übrigens, möchten Sie Ihrem Kunden Peter zu seinem 54. Geburtstag per WhatsApp gratulieren, machen Sie das in einer einzelnen WhatsApp-Nachricht und nicht in der Gruppe. Er hat nicht zwangsläufig zugestimmt, dass andere von seinem Geburtstag erfahren und so wirklich fehlt auch das Argument, denn mit seinem Hund Otto hat das wenig zu tun. Der Schuss könnte nach hinten losgehen, auch, wenn Sie es gut meinen und die anderen Kunden nur zum zusätzlichen Gratulieren auffordern. Seien Sie wachsam und vorsichtig. Für die Nutzung von Fotos gilt dasselbe! Sie benötigen Einverständniserklärungen, auf denen der Kunde aufgeklärt wurde, wozu Sie die Bilder nutzen. Übrigens, wenn Sie eine Einverständniserklärung auslegen, prüfen Sie diese auf Vollständigkeit. Wir hatten beispielsweise lange nur darauf stehen, dass wir die Fotos für unsere Homepage nutzen wollten. Irgendwann kam Facebook dazu. Wir konnten die vorhandenen Bilder alle nur für die

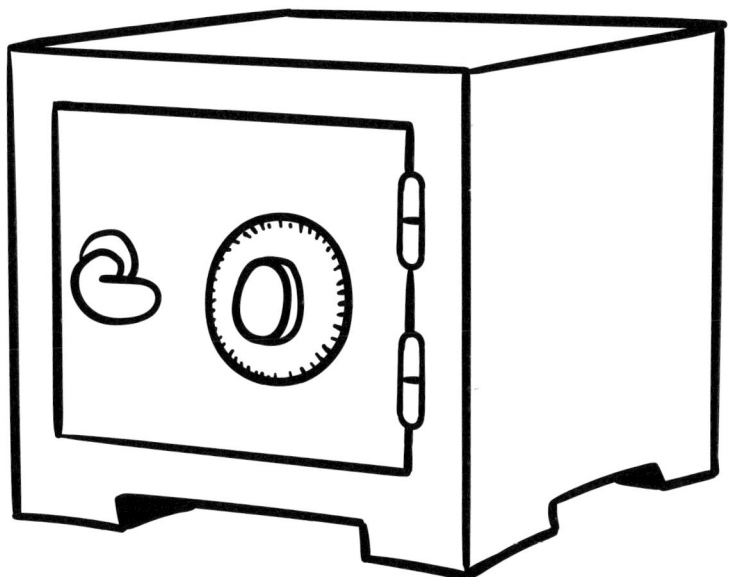

Homepage, nicht aber für Facebook nutzen, da uns dazu die Unterschrift des Hundehalters fehlte. Datenschutz ist ein Thema, mit dem Sie sensibel umgehen sollten. Ihre Kundendaten sollen vor Missbrauch geschützt werden und bei Einhaltung dient er Ihnen zum Schutz vor Abmahnungen gegenüber Mitbewerbern.

Vergessen Sie nicht, dass der Kunden zu guter Letzt alles unterschreibt. Heften Sie die Unterlagen gut und ordentlich ab. Sie sollten jederzeit Zugriff haben, aber kein Dritter (oder Unbeteiligte) dürfen Zugang zu diesen persönlichen Unterlagen haben.

Der Anamnesebogen

In unserer Praxis arbeiten wir seit Jahren mit einem Fragebogen. Während des Erstkontaktes am Telefon machen wir darauf aufmerksam, dass es einen Fragebogen zum Download gibt, den der Kunde im Vorfeld schon ausfüllen und an uns senden kann. Mit diesem werden alle wichtigen Eckdaten abgefragt und wir müssen uns mit dem Alter und der Herkunft des Hundes nicht unnötig lange aufhalten, sondern können uns direkt ins Getümmel werfen.

Gerade in der Anfangsphase der Tätigkeit als Hundetrainer kann es eine große Erleichterung sein, wenn man einen Fragebogen im Vorfeld des Besuches in Ruhe durchlesen kann, um sich vorzubereiten. So erfahren wir schon einiges vom Problemverhalten und in welchen Situationen es auftritt. Aber Obacht, es ist nichts in Stein gemeißelt. Sie können während des Gesprächs immer mal feststellen, dass die Darstellung des Hundehalters von seinem Geschriebenen abweicht. Mit der Archivierung des Bogens in der Karteikarte haben Sie auch immer alles zusammen und können sich erinnern, wie Sie vor einigen Monaten mit diesem Kunden starteten.

Anamnesebogen

An Ziemer & Falke – Schulungszentrum für Hundetrainer GmbH & Co. KG Blanker Schlatt 15 26197 Großenkneten	Absender: Anita Mustermann Musterstraße 1, 12345 Musteringen Tel: 01234 56789 Mobil: 0124 56789044 Mail: anita@mustermann.de
Name des Hundes:	Geburtsdatum des Hundes:
Rasse/Mischling aus:	
Geschlecht:	Rüde: ☐ Hündin: ☐
Ist der Hund kastriert?	ja: ☐ nein: ☐
Wie alt war der Hund zum Zeitpunkt der Kastration?	
Weshalb wurde Ihr Hund kastriert?	
Woher haben Sie Ihren Hund?	
Seit wann lebt er bei Ihnen?	
Wie alt war er, als er zu Ihnen kam?	

Hatte er schon Vorbesitzer?	ja: ☐	nein: ☐
Was wissen Sie über die Vorgeschichte Ihres Hundes? Hier bitte keine „Vermutung" angeben, sondern nur gesicherte Angaben:		
Welche Menschen und Tiere gehören zum sozialen, häuslichen Umfeld Ihres Hundes?		
Leben in Ihrem Haushalt noch andere Hunde?	ja: ☐	nein: ☐
Wenn ja, welche und wie viele? Alter, Rasse, Geschlecht:		
Ist dies Ihr erster Hund?	ja: ☐	nein: ☐
In welcher Wohngegend leben Sie? Stadt, Dorf, Wohnung, Haus, Garten ...		
Welche Probleme gibt es im Zusammenleben mit Ihrem Hund?		
Was genau tut er dann?		
Wie hat sich dieses Verhalten entwickelt?	spontan:	eher schleichend:
Wann ist Ihnen dieses Verhalten zuerst aufgefallen?		
Was haben Sie bisher dagegen getan?		
Waren Sie schon einmal in einer Hundeschule?	ja: ☐	nein: ☐
Falls ja, was hat er dort erlernt?		
Sind Sie dort gerne hingegangen?	eher ja:	eher nein:

Die Kopier- und Downloadvorlage finden Sie ab S. 233

Wo hält sich der Hund tagsüber hauptsächlich auf? Garten, Haus, Zwinger, ein bestimmter Raum, …				
Wo schläft der Hund nachts?				
Wie viele Stunden ist der Hund normalerweise allein?				
Folgt Ihnen der Hund in der Wohnung gerne auf Schritt und Tritt, sodass es störend ist?				
Gibt es Situationen, in denen Ihr Hund gestresst erscheint? Wenn ja, welche?				
Bleibt Ihr Hund problemlos allein zu Hause?				
Falls nein, was tut er dann?				
Wie oft und wie lange gehen Sie täglich mit dem Hund spazieren?				
Der Hund läuft dabei:	überwiegend an der Leine	überwiegend frei	sowohl, als auch	
Der Hund hat dabei:	häufig Kontakt zu anderen Hunden:	selten Kontakt zu anderen Hunden:		
Zeigt er beim Spaziergang Angst oder reagiert er aggressiv?				
Wie ist das Verhalten in fremder Umgebung?	sicher-stabil	leicht unsicher	unsicher-ängstlich	unsicher-aggressiv
Wie ist das Temperament des Hundes? Z.B phlegmatisch, ruhig, normal, aktiv, lebhaft, hektisch, nervös, …				
Zieht Ihr Hund an der Leine?				
Was füttern Sie als Hauptmahlzeiten?				
Bekommt Ihr Hund auch Knabberartikel oder Leckerchen?				
Spielen Sie regelmäßig mit dem Hund? Wie lange, wie oft und was?				
Leidet Ihr Hund an einer chronischen Erkrankung? Falls ja, an welcher?				
Bekommt Ihr Hund regelmäßig Medikamente? Falls ja, welche? (Bitte Dosierung mit angeben!)	ja: ☐			nein: ☐
Seit wann bekommt er diese Medikamente:				
Leidet Ihr Hund an Hautkrankheiten? Wenn ja, welche?				

Haben Sie bei Ihrem Hund schon einmal folgende Verhaltensweisen beobachtet? Bitte ankreuzen:

	nie	selten	häufiger	oft
Rastlosigkeit, Hund kann nicht zur Ruhe kommen				
Hund wird nie müde, will spielen bis zum „Umfallen"				
unangemessen nervöses oder aggressives Verhalten				
Hund wirkt abwesend				
Zittern				
Hecheln ohne vorherige Anstrengung oder Wärme				
übertriebenes Lecken oder Kratzen des Fells				
Gegenstände zerstören				
Bellen, Winseln usw.				
Stubenunreinheit				
Er zieht störend an der Leine.				
Aggressionen gegenüber anderen Hunden				
Aggressionen gegenüber Menschen				
Aggressionen gegenüber Menschen des gleichen Haushalts				
Aggressionen gegen: _____				
liebevolles Verhalten				
starkes Fordern				
Angst vor: _____				

(bitte ankreuzen)

	klappt sehr zuverlässig (auch unter Ablenkung)	klappt oft	klappt selten
Laufen an lockerer Leine			
„PLATZ"			
„SITZ"			
Verbotswort			
„HIER"			

Mit dem Anamnesebogen erhalten Sie also einen guten strukturierten Plan, wie Sie einen Überblick des Hundes und seine Lebensbedingungen bekommen. Im Gespräch werden Sie dann merken, auf welche Themen Sie tiefer eingehen müssen und welche keine so hohe Priorität haben.

Wie oben schon angesprochen benötigen Sie eine Kundendatei, um die Inhalte der Stunden festzuhalten. Nach dem Infogespräch wissen Sie, was Sie Ihrem Kunden empfehlen. Er kann zum Beispiel in den Junghundekurs kommen. Dies sollte dokumentiert werden und eine kurze Info, was in den einzelnen Stunden gemacht wurde. Beispiel:

a. Stunde Erziehung-Gruppe – Datum – Inhalt: Sitz auf Distanz und Rückruf

b. Stunde Erziehung-Gruppe – Datum – Inhalt: Platz und Wiederholung Sitz auf Distanz, Besonderheit: Otto war sehr gestresst, Halter zieht gerade um ...

Zum einen hat das den Vorteil, dass Sie immer nachvollziehen können, wie Ottos Lernkurve verläuft – gerade, wenn es mal im Training mit Hund oder Herrchen hapert und Sie können problemlos eine Übergabe machen, etwa, wenn Sie Mitarbeiter haben und diese nun Ihre Stunden übernehmen sollen. Sie können sich in die Struktur einlesen und sich so besser auf den Kunden einstellen. Auch wissen die neuen Mitarbeiter gleich, welche Übungen Sie schon gemacht haben. Eine sorgfältige Übergabe ist auch für den Kunden angenehm. Startet der neue Hundetrainer nämlich mit einer Übung, die Sie bereits zwei Wochen zuvor erfolgreich abgeschlossen haben, wird das nicht positiv auf den neuen Trainer zurückfallen, egal, wie viel Mühe er sich gibt.

Neuer Trainer an Bord!

Neue Mitarbeiter zu haben bedeutet immer erst einmal das Kippen einiger Rituale. Damit müssen sich auch erst einmal Ihre Kunden auseinandersetzen. Es kann also gut sein – und sowohl wir als auch andere Trainerkollegen berichten, dass einige Kunden wegfallen, weil der neue Trainer „einfach anders" ist. Das muss gar keine Interpretation oder schlechte Bewertung sein, aber wir Menschen sind Gewohnheitstiere! Machen Sie sich darauf gefasst, dass das passieren kann, vor allem für Ihre Preiskalkulation. Sie können Sie etwas gegensteuern:

- *Führen Sie die neuen Trainer behutsam ein. Diese könnten zuvor schon in Ihren Kursen mitlaufen und die Kunden unterstützen und trainieren.*
- *Geben Sie Rückendeckung – auch, wenn Sie wissen, dass es ein neuer, angehender Trainer wahrscheinlich nicht so gut machen wird, unterstützen Sie ihn und bauen ihn auf! Setzen Sie keinen Keil zwischen ihn und dem Kunden. Das wird Ihre aller Beziehung auf Dauer nicht aushalten.*
- *Seien Sie für Fragen da – von Kunden und Mitarbeiter und arbeiten Verbesserungsvorschläge aus, wenn diese Ihre Hundeschule unterstützen.*

Ihre Kundendatei darf ebenso nicht offen für Unbefugte zur Verfügung stehen. Sie können diese im PC festhalten oder klassisch als Karteikarte, wie Sie es von früher von Ihren Ärzten gewohnt waren.

Anbei noch einmal eine Idee, wie Sie weiterhin einen schnellen Überblick darüber behalten können, wie sich Ihre Schützlinge im Training entwickeln. Sie erstellen ein Verlaufsprotokoll, das Sie mit Schulnoten ausfüllen können.

Zur Protokollierung verwenden Sie jetzt eine Erweiterung der Tabelle, um die Bewertung des momentanen Zustandes (Ist-Zustand) und des Ziels vorzunehmen, wie es in Zukunft sein soll (Soll- Zustand). Bitten Sie den Halter, den Zustand mit Schulnoten zu bewerten.

Problem	Ist-Zustand	Soll-Zustand
Hund zieht wie verrückt an der Leine, wenn er andere Hunde sieht. Nach dem Training wird er entspannt neben mir laufen und auf meine Signale reagieren.	6	2
Hund läuft Rehen hinterher und kommt erst nach 20 Minuten wieder. Nach dem Training wird er zuverlässig auf meinen Rückruf reagieren.	5	2
Hund schnappt nach Frauchen, wenn er gebürstet wird. Nach dem Training wird mein Hund sich gerne und entspannt auf einer Decke liegend bürsten lassen.	5	1

Während einer längeren Behandlung über mehrere Wochen oder Monate können Sie mit diesen Bewertungen ein Erfolgsprotokoll erstellen.

Problem	Ist-Zustand 01.03.	Soll-Zustand	Ist-Zustand 15.04.	Ist-Zustand 03.05.	Ist-Zustand 28.05.
Hund zieht wie verrückt an der Leine, wenn er andere Hunde sieht.	6	2	4	3	2
Hund läuft Rehen hinterher und kommt erst nach 20 Minuten wieder.	5	2	4	2	3
Hund schnappt nach Frauchen, wenn er gebürstet wird.	5	1	5	2	1

Apropos PC: Aufgrund der DSGVO müssen Sie Sorge dafür tragen, dass kein Unbefugter Zugang zu Ihrem PC bekommt. Das könnte auch Ihr Partner oder Ihre Kinder sein. Sie sollten sich ein eigenes Benutzerprofil zulegen, das kennwortgeschützt ist und zu dem kein anderer sonst Zugang hat.

Sollte ein Mitarbeiter Ihren Kundenhund übernehmen, muss er natürlich Zugriff auf die Daten haben. Dies ist im Sinne der DSGVO auch völlig in Ordnung, da der Kunde einverstanden ist und der Vertrag ja erfüllt werden muss. Dasselbe gilt auch für Handys. Wenn Ihre Mitarbeiter oder Sie erreichbar sein müssen für Ihre Kunden und es sich sensible Daten über den Kunden auf dem Handy befinden, sollten Ihr Mann und Ihre Kinder – und natürlich auch alle anderen – keinen Zugriff haben. Schaffen Sie sich alternativ ein oder mehrere Diensthandys an, das nur für Sie und die Mitarbeiter bestimmt ist.

Der Hausaufgabenheft

Sie werden Ihrem Kunden sehr viel zu erzählen haben. Sie werden vielleicht sogar einige menschliche und kynologische Lebensmuster völlig auf den Kopf stellen. Sie sind hoch motiviert und können all das Wissen weitergeben, was der Kunde benötigt und meistens noch viel mehr. Aber Achtung: Für Sie ist Hundetraining schon völlig normal geworden und alle Inhalte sind für Sie sozusagen kynologisch. Ihr Gehirn wird nicht strapaziert – das Gehirn Ihres Hundehalters jedoch schon. Er bekommt so viele inhaltliche Informationen von Ihnen. Das kann er nicht alles verarbeiten und auch nicht behalten. Und nun muss sich der arme Kerl auch noch an die Hausaufgaben erinnern. Was bei Ihnen in der Hundeschule noch sinnvoll erschien, muss er zuhause alleine rekonstruieren und dann auf den Hund übertragen.

Ich (Tina) erinnere mich noch zu gut an meine erste (... und letzte) Reitstunde. Mit elf Jahren saß ich unsicher, ich wollte ja schließlich alles richtig machen, auf dem Pferd und bekam von unten Anweisung: Kopf hoch, Rücken gerade, Zügel locker, Hacke runter, Schenkel ran ... ähm, was war noch mal mit dem Rücken? Ich wurde binnen kürzester Zeit mit vielen Informationen überflutet, die ich nicht verarbeiten konnte. Verstehen Sie, warum es meine letzte Reitstunde war?

Damit Ihre Kunden Ihnen aber treu bleiben, gestalten Sie die Abläufe angenehm und lassen Sie sie Ihre Unterrichtsstunde mit nach Hause nehmen:

- Teilen Sie Ihrem Kunden immer mit, was er gut macht. Das motiviert. Dann teilen Sie ihm etwas mit, was er verbessern kann. Erklären Sie es, machen Sie es vor, lassen Sie ihn selbst arbeiten. Je mehr Sinne Sie in Ruhe ansprechen, umso besser lernt und behält Ihr Kunde. Nehmen Sie sich die Zeit. Loben Sie ihn!

- Fassen Sie die Hausaufgaben schriftlich für Ihren Kunden zusammen. Dabei könnte ein Hausaufgabenheft folgende Einteilung haben:

Datum	Übung	Ziel	Besonderheit 1	Besonderheit 2	Sonstiges	Geschafft?
29.10.19	Sitz	Der Hund setzt sich auf das Sichtzeichen	Der Hund sollte bei der Übung nicht berührt werden.	Sie achten darauf, dass Sie das Signal kurz vor dem Brückensignal zur Etablierung einführen.		☺
31.10.19	Platz	Der Hund legt sich auf das Hörzeichen „Platz"	Geben Sie das Leckerchen, sobald der Hund die gewünschte Position eingenommen hat	-	Achtung, Ihr Hund liegt nicht gerne bei Kälte. Erst einmal auf einer Decke trainieren	Noch nicht. Der Halter konnte wenig üben. Neuer versuch täglich 2 x 2 Minuten.
usw.						

Die Kopier- und Downloadvorlage finden Sie auf S. 236

Ihr Feedbackbogen

Ein weiterer sinnvoller Bogen ist ein Feedbackbogen für Ihre Erfolgskontrolle. Viele Hundetrainer scheuen sich ein wenig davor, denn wir machen uns offen für Kritik – aber an der lernen wir! Sollte Ihnen das alles zu viel zu Beginn sein, können Sie damit auch noch warten, bis Sie sich sicherer fühlen. Auch hierfür finden Sie einen Download.

Die Erfolgskontrolle dient also

- der Überprüfung unserer Leistung und somit als Grundstein der Weiterentwicklung unserer Fähigkeiten

- der Anpassung unserer Dienstleistung an den tatsächlichen Nutzen, den wir erbringen

- dem Kontakt mit den Kunden und der Unterbreitung eines eventuellen Folgeangebotes

Eine solche Erfolgskontrolle kann sowohl am Ende eines Gruppenkurses / Einzelstundenepisode und / oder auch einige Wochen danach gemacht werden. Dazu ist *immer* die Meinung des Kunden erforderlich. Es gibt verschiedene Arten, wie eine solche Kontrolle aussehen kann:

- Follow-up-Fragebogen

- persönliches Gespräch am Telefon

- E-Mail in einem persönlichen Briefstil

Der Follow-up-Fragebogen ist dabei scheinbar das beste Instrument, um alle relevanten Daten abzufragen. Der gravierende Nachteil allerdings ist, dass sich nur wenige Kunden die Mühe machen, die Fragen zu beantworten und den Bogen zurück schicken. *Nur* mit der Ankündigung einer Belohnung (positiver Verstärker, da war er wieder) wie einem Gutschein oder etwas Ähnlichem werden Sie eine Rückmeldung erhalten.

Follow-up-Fragebogen

An Ziemer & Falke – Schulungszentrum für Hundetrainer GmbH & Co. KG Blanker Schlatt 15 26197 Großenkneten	Absender: Anita Mustermann Musterstraße 1, 12345 Musteringen Tel: 01234 56789 Mobil: 0124 56789044 Mail: anita@mustermann.de

Sie nahmen

☐ einzelne Stunden	☐ Gruppenstunden

Das Training war:

☐ sehr hilfreich	☐ etwas hilfreich

Die Kosten waren:

☐ viel zu hoch	☐ etwas zu hoch	☐ angemessen	☐ niedrig

Wie viele der Behandlungsempfehlungen haben Sie zu Hause angewendet?

☐ alle	☐ die meisten	☐ keine

Wie lange wurden die Empfehlungen befolgt?

☐ einige Wochen oder länger	☐ ein oder zwei Wochen

Wie effektiv waren diese Empfehlungen?

☐ sehr effektiv	☐ halfen nicht	☐ nicht hilfreich

In welchem Maße verbesserte sich das Hauptproblem?

☐ Hauptproblem völlig eliminert	☐ Hauptproblem beträchtlich verbessert
☐ Hauptproblem unverändert	☐ Hauptproblem stark verbessert
☐ Hauptproblem leicht verbessert	☐ Hauptproblem hat sich verschlimmert

Wie zufrieden waren Sie mit dem/r Trainer/in?	
☐ sehr zufrieden	☐ nicht zufrieden
weil:	

Es hat sich bewährt, die Erfolgskontrolle direkt mit einer Nachfrage nach möglichen Folgeangeboten zu verknüpfen. Dies kann mit einem Wunschzettel umgesetzt werden.

Wunschzettel

Themen Ihres Wunschkurses:

Vortrags- oder Informationsabend:
Welche Inhalte würden Sie sich wünschen?

Die Kopier- und Downloadvorlage finden Sie ab S. 237

Weitere Interessen: Vortrag (Theorie)

Gemeinsame Aktionen mit anderen Hundehaltern und einem Fachmann (z. B. Stadtspaziergang, Nachtwanderung, Abenteuerspaziergang, Schnitzeljagd, Wettkämpfe um Geschicklichkeit oder Geschwindigkeit)

....
....
....
....

Themen Ihrer Wunschaktion:

☐ Hundesport mit Hürden (Parcours) ☐ Hundesport mit Denkaufgaben für den Hund

☐ Anti-Aggressionstraining ☐ Anti-Jagdtraining

☐ Spezielles Training zum sicheren Abrufen des Hundes

Wann würden Sie sich am liebsten unter fachlicher Anleitung mit Ihrem Hund trainieren?

☐ Nur am Wochenende? ☐ Nur in der Woche? ☐ Auch am Wochenende? ☐ Auch in der Woche?

Welche weiterführenden/ergänzenden Angebote würden Sie sich wünschen?

....
....
....
....

Weitere Anmerkungen/Impulse/Tipps:

....
....
....
....

Persönliches Gespräch mit Mini- und Maximalziel am Telefon

Ein Anruf bei einem ehemaligen Kunden kann sehr interessant und lukrativ sein, da er oft zu einem Folgeauftrag führt. Allerdings sind diese Rückrufe sehr zeitaufwändig. Wegen des hohen Aufwandes ist es sehr sinnvoll, professionell vorzugehen. Bewährt hat sich hier die Arbeit mit einem Minimal- und einem Maximalziel. Und so geht's:

Zunächst mache ich mir eine Liste von möglichen Ergebnissen eines Anrufes. Diese könnten sein:

1. Infos, was Sie verbessern können

2. Infos, was gut war und unbedingt so bleiben soll

3. mit dem Kunden in Kontakt bleiben
   1. Teilnahme an gemeinsamen Spaziergängen
   2. Abonnement des Newsletters
   3. Teilnahme an einem Themenabend

4. dem Kunden ein Folgeangebot verkaufen
   1. z. B. einen Antijagdkurs
   2. eine Einzelstunde als Auffrischung
   3. die Teilnahme an einem Hundetreff

E-Mail in einem persönlichen Briefstil

Eine vorgefertigte E-Mail zu versenden ist mit wesentlich weniger Aufwand verbunden als ein Anruf. Mit einer Software lässt sich das sogar alles automatisieren. Die möglichen Erfolge sind nicht so hoch wie bei einem Anruf, kosten aber kaum Zeit. Wenn eine Rückmeldung seitens des Kunden erfolgen soll, sollte der Fragebogen möglichst einfach und übersichtlich gestaltet sein, damit der Hundehalter keine Mühe damit hat. Wenn es für ihn wirklich nur drei Mausklicks sind, ist die Chance groß, dass er zurück gesendet wird. Weiterhin sollte eine Mail sehr persönlich gestaltet sein.

Der Kunde kommt

Nun ist es vollbracht, Sie haben sich auf einige Situationen gut einstellen können. Jetzt wird es Zeit – Ihr erster Kunde kommt. Sie können sich nun entspannt auf den ersten Termin vorbereiten. Was ist nun zu tun?

Haben Sie kleine Praxisräume, sollten Sie diese auf den Kunden einstimmen. Hundetrainer laufen heutzutage nicht mehr dreckig (... nur ein bisschen, nach getaner Arbeit) über den Hundeplatz. Wir sind professionelle Dienstleister und der Hundehalter möchte sich bei uns wohlfühlen. Noch bevor Sie mit Ihrem Fachwissen auffahren können, hat sich der Hundehalter entschieden, ob er sich bei Ihnen wohlfühlt und er Ihnen vertraut. Stimmt die Chemie nicht, wird das Training nicht zu 100 % erfolgreich sein.

Sie können nicht gleichzeitig überall sein. Schaffen Sie sich einen Anrufbeantworter an. Besprechen Sie ihn freundlich und teilen Sie mit, dass Sie sich zeitnah melden, sobald Sie die Nachricht abgehört haben. Sie sollten Ihren Anrufbeantworter zweimal täglich abhören und sich zeitnah zurückmelden. Vergessen Sie Ihren Spickzettel nicht und schon kann es losgehen. Das punktet!

Heißen Sie Ihren Hundehalter willkommen!

Nutzen Sie Ihren Hundeplatz, einen Seminar- oder Praxisraum, um Ihre Hundehalter willkommen zu heißen. Stellen Sie sich in den Raum oder auf die Wiese und schauen Sie sich um! Was sieht hier gut aus und was sollte verbessert werden? Stellen Sie auch ruhig zwei bis drei Kritiker hin, die Ihnen ehrlich sagen, woran Sie in Zukunft arbeiten können.

Nützliche Dinge sind:

- Genügend Sitzgelegenheiten – rechnen Sie damit, dass nicht nur die Person mitkommt, mit der Sie telefoniert haben. Gerade bei Welpen kommt gerne die ganze Familie mit. Halten Sie also mindestens sechs Stühle und einen großen Tisch parat. Dieser sollte sauber sein und es darf auch gerne ein wenig Deko, wie etwa ein frischer (!) Blumenstrauß die Platte zieren.

- Apropos ganze Familie – stellen Sie auch kleine Schnuckereien oder gesundes Obst auf den Tisch, an dem sich Erwachsene und Kinder gleichermaßen bedienen können, ebenso wie eine Schale mit (gesunden) Hundeleckerchen, die nach Absprache an den Hund verfüttert werden können. Getränke wie Kaffee, Wasser und so weiter sollten auch nicht fehlen.

- Lüften Sie vor jedem Kunden gut durch – und auch nach jedem Kunden.

- Achten Sie auf einen sauberen Fußboden und fegen, saugen oder wischen vor Ihren Gesprächen. Zudem wird es nicht ausbleiben, dass der eine oder andere Hund in Ihren Räumlichkeiten markiert. Das ist nicht schön, aber es passiert. Halten Sie immer Essigreiniger parat und reinigen Sie die Stelle kurz, während der Hundehalter noch da ist und anschließend ergiebig, wenn er nicht mehr da ist. Vielen Hundehaltern ist es sehr unangenehm, wissen aber nicht, wie sie sich in unserer Anwesenheit dem Hund gegenüber korrekt verhalten sollen. Folglich findet meist keine Reaktion statt. Bleiben Sie auch ruhig, schimpfen Sie weder den Hund noch den Halter aus! Reinigen Sie einfach die Stelle und schenken dem keine weitere Bedeutung. Nase rümpfen ist nicht dienstleistungsfähig!

- Stellen Sie ein Körbchen in Ihre Räume, sodass der Hund sich während des Gesprächs zurückziehen kann. Stellen Sie auch einen sauberen Napf mit frischem Wasser parat, damit der Kundenhund immer freien Zugang zum Napf haben kann.

- Sind Sie im Vorfeld noch mit einem anderen Kundenteam unterwegs, legen Sie auch Fachzeitschriften aus, damit die Kunden etwas zu lesen haben und sich die Zeit vertreiben können.

- Haben Sie Verkaufsgüter, sollten diese sichtbar für Ihre Kunden in der Praxis so präsentiert werden, dass sie im wahrsten Sinne des Wortes zum Anfassen sind. Bei Buchverkäufen handhaben wir es so, dass wir „Musterbücher zum Blättern" auslegen, die wir zuvor beschriftet haben. Das schont die Verkaufsbücher und die Kunden freuen sich, dass Sie gerne einen Blick in das entsprechende Buch werfen dürfen.

- Zugang zu Toiletten. Wenn Sie selbst in Ihrer Hundeschule über keine sanitären Räumlichkeiten verfügen, überlegen Sie sich, ob Sie sich nicht eine Toilettenkabine leihen können oder mit Ihren Nachbarn, die vielleicht auch ein Gewerbe betreiben, übereinkommen können. Das Wichtige ist, dass Sie das frühzeitig kommunizieren. Haben Ihre Kunden eine lange Anfahrt und wissen nicht, dass sie die nächsten Stunden eben nicht mal eben für Herrchen oder Frauchen gehen können, kann das in Stress und Unkonzentriertheit ausarten. Zudem hat es meist einen bitteren Beigeschmack. Lieber also mit offenen Karten spielen und für Alternativen sorgen.

- Seien Sie stets pünktlich, alternativ kontaktieren Sie Ihren Kunden frühzeitig über eine mögliche Verspätung.

- Ihr eigener Hund. Überlegen Sie, ob Sie Ihren eigenen Hund immer mitnehmen wollen. Das hat auf der einen Seite mit dem Hund und Ihnen selbst zu tun, aber auch mit dem Kunden. Gerade, wenn er Sie konsultiert, weil der eigene Hund Aggressionen gegenüber anderen Hunden zeigt, verunsichert das den potenziellen Kunden möglicherweise eher, wenn er weiß, dass Ihr Hund – als wohlerzogener Trainerhund – mit an Bord ist. Sprechen Sie das ab. Treffen Sie gemeinsame Entscheidungen, wie weit Ihr Hund in Einzel- oder Gruppenstunden involviert wird.

Machen Sie sich keinen Kopf, wenn Ihr eigener Hund nicht so gut hört wie etwa Ihre Kundenhunde. Nehmen Sie das mit Humor und bauen nicht unbewusst noch Druck auf den eigenen Hund auf. Sie sind bei Ihrem eigenen Hund „nur" Hundehalter. Bleiben Sie entspannt und glauben Sie uns, Ihre Kunden werden es lieben, wenn Ihr Hund nicht hört – das macht Sie unglaublich menschlich.

> *Neben aller Deko hängen Sie auch Ihre AGB in Ihrer Hundeschule aus. Es hat vor nicht allzu langer Zeit ein Gerichtsurteil gegeben, dass diese in einem Betrieb ausgehängt werden sollen. Sie sind damit sichtbar für den Kunden – also bitte nicht auf die Kundentoilette.*

Das Infogespräch – First contact

Nun wird es aber Zeit und Sie können sich auf Ihre ersten Infogespräche vorbereiten beziehungsweise loslegen. Dabei können Sie die nachfolgenden Tipps zur Unterstützung nutzen:

Je nach Problematik können Sie Ihre Kunden in verschiedenen Räumlichkeiten in Empfang nehmen, bei sich, an einem neutralen Ort oder bei den Kunden zuhause. Letzteres bietet sich bei dem Problem der trennungsbedingten Störung an.

Die eigenen Räumlichkeiten haben verschiedene Vorteile.

So können Sie sich bei Verspätung des Kunden sinnvoll beschäftigen, denn Büroarbeit wartet immer. Viel wichtiger ist aber, dass Sie eine Örtlichkeit haben, an der die Bedingungen von Ihnen gestellt werden können und weitestgehend gleich sind. Somit nehmen Sie verschiedene Mensch-Hund-Teams in immer gleicher Umgebung wahr. Besondere Auffälligkeiten können Sie somit oft schon sehr früh erkennen:

- Wie gehen die beiden miteinander um?

- Wie sieht die Begrüßung aus?

- Wie gut kann der Halter seinen Hund in dieser für ihn fremden Umgebung kontrollieren?

- Welche Erziehungsmuster können Sie beim Halter erkennen?

- Wie orientiert sich der Hund im Raum und wie verhält er sich?

Alle diese Dinge können Sie auch beim Hundehalter zu Hause oder an einem anderen Ort erkennen, aber, es fehlt der Vergleich zu anderen Mensch-Hund-Teams.

Weil Sie keine Anfahrtswege haben, brauchen Sie dem Hundehalter auch keine Kosten für eine Anfahrt berechnen. Das macht diesen Termin für den Halter finanziell attraktiv.

Weiterhin wirkt ein Auftreten mit eigener Praxis professioneller und hinterlässt beim Kunden den Eindruck von Fachkompetenz. Zusätzlich können Sie Zubehörartikel besser lagern und auch besser zum Verkauf anbieten.

Beim Hundehalter zu Hause können Sie neben der räumlichen Aufteilung viele weitere Details erkennen, die Ihnen in einem Gespräch an einem anderen Ort wahrscheinlich nicht auffallen würden. Hier erhalte ich tiefe Einblicke in das Zusammenleben von Mensch und Hund. Vorsicht jedoch, wenn der Hundehalter schon mitteilt, dass der Hund ein großes Problem damit hat, wenn Fremde das Grundstück betreten. Dazu zählen auch Hundetrainer und Verhaltensberater! Da Sie zu dem Zeitpunkt nicht wissen, wie verantwortungsvoll der Hundehalter mit dem Hund (und den Besuchern) umgeht, sollten Sie sich absichern.

- Am Telefon sollte bereits geklärt werden, dass der Hund abgesichert wird. Hierzu zählen Leine, Geschirr, Halsband, Maulkorb, anderer Raum, oder, oder, oder.

- Sollte oben genanntes nicht möglich sein, könnte es aus Eigenschutzgründen sicherer sein, sich zum ersten Mal an einem neutralen Ort zu treffen.

Was spricht für einen Hausbesuch?

Vorteile	Nachteile
Manche Probleme zeigen sich ausschließlich zu Hause.	Anfahrtskosten erhöhen den finanziellen Aufwand.
Man bekommt bessere Einblicke in die Haltungsbedingungen.	Grenzen der Intimität müssen gewahrt werden.
Der Hausbesuch bietet evtl. ein entspanntes Umfeld, um die Problematik zu besprechen und fürs Training.	Festgefahrene Verhaltensmuster sind evtl. schwieriger zu durchbrechen.
Der Halter fühlt sich ernst und wichtig genommen.	Der Halter fühlt sich überprüft und durchleuchtet.
Gute Lösung, wenn ich keinen Besuchsraum zur Verfügung habe.	

Ein Treffen an einem neutralen Ort kann vor allem bei Problemen sinnvoll sein, die mit Spaziergängen und Leinenführigkeit zu tun haben. Am besten suchen Sie zwei bis drei geeignete Lokalitäten, die

a. *man gut finden kann (mit einer einfachen Wegbeschreibung),*

b. *gute Parkmöglichkeiten bieten,*

c. *eine Nähe zu Ihnen und zum Hundehalter haben und*

d. *die Möglichkeit bieten, zunächst ohne Fremdhundekontakt spazieren gehen zu können.*

Geeignet sind z. B. Parkplätze von Supermärkten (am Wochenende) oder befestigte Straßen von zukünftigen Industriegebieten.

Das Kennenlernen aus Kundensicht

Erwartungen an den Hundetrainer

Für den Hundehalter sind die ersten Informationsgespräche sehr wichtig, denn Sie kümmern sich nicht nur um den „Patienten", sondern auch Sie selbst werden vom Hundehalter auf Herz und Nieren überprüft!

Der Hundehalter wird Folgendes wissen und überprüfen wollen:

- Ihre Fachkompetenz und Glaubwürdigkeit

- Ihre Standfestigkeit in Bezug auf seine Meinung und vorläufige Diagnose

- Das ihm entgegengebrachte Verständnis und die ihm entgegengebrachte Wertschätzung

- Die Loyalität und Unterstützung ihm gegenüber

Bleiben Sie authentisch. Verdrehen Sie sich nicht. Wenn Sie Sie sind, bekommen Sie auch die Kunden, mit denen Sie am besten zurechtkommen.

Was möchte der Kunde von uns?

Am besten stellt man direkte Fragen zur Auftragsklärung. Zum Beispiel:
„Was genau kann ICH für Sie tun?"
„Woran würden Sie erkennen, dass ich Ihnen weitergeholfen habe?"
„Was brauchen Sie von mir, damit das Problem gelöst werden kann?"
Um unserem Kunden genau das zu geben, was er braucht, sollten wir wissen, was er haben möchte. Eventuell möchte er gar kein Training. Vielleicht möchte er einfach nur verstehen, warum sein Hund sich so verhält. Wir persönlich sind immer wieder überrascht, was der Hundehalter wirklich von uns möchte, denn wir hätten uns in seiner Situation etwas ganz anderes gewünscht. Deshalb ist es enorm wichtig, wirklich immer nachzufragen, wie unsere Dienstleistung eigentlich genau aussehen soll. Das heißt aber noch nicht, dass wir den Auftrag sicher haben. Zum Ende des Gesprächs sollte der Kunde gefragt werden, ob er sich die Zusammenarbeit mit uns als Verhaltensberater vorstellen kann. Und wenn er das kann, darf gerne ein neuer Termin vereinbart werden. Eine direkte Nachfrage beim Kunden ist besser, als nach dem Termin nicht zu wissen, ob man den Auftrag jetzt bekommen hat oder nicht. Nichts ist schlimmer als Unklarheit – und die schon direkt zu Beginn!

Was ein Hundehalter erfahren möchte

Fachlich möchte der Hundehalter folgendes erfahren:

1. Warum verhält sich mein Hund so?

2. Was kann man dagegen (dafür) tun?

3. Wie ist die Prognose?

Wie lange darf das Gespräch dauern?

Natürlich gibt es keine generellen Vorgaben oder Richtlinien, wie lange ein Gespräch dauern sollte, aber gerne geben wir auch hier eine Norm vor, mit der wir selbst gute Erfahrungen gemacht haben:

Prophylaxe-Gespräche: 15 - 20 Minuten

Problemfall-Gespräch: 30 - 60 Minuten

Zu Beginn ist es ganz normal, wenn das erste Gespräch auch einmal länger als eine Stunde dauert. Dennoch werden sich die Gesprächszeiten allmählich auf die oben genannten Erfahrungswerte reduzieren. Einerseits gewinnen wir als Hundetrainer immer mehr Erfahrung und Sicherheit, andererseits wird sich auch das Zeitbudget in unserem Kalender entsprechend reduzieren. Sprich: Je mehr Kunden, desto flüssiger die Infogespräche!

Wozu dient das Gespräch?

Ziel des Infogespräches ist es,

a. einen möglichen groben Plan für die weitere Vorgehensweise zu entwickeln und

b. einen Auftrag abzuschließen.

Beim Infogespräch haben Sie die Möglichkeit, den Hundehalter, seinen Hund und das angedeutete Problem kennenzulernen. Es dient dazu, eine vorläufige Diagnose zu stellen. „Vorläufig" ist sie deshalb, weil selbst der beste Hundetrainer der Welt den weiteren Trainingsverlauf – und damit gegebenenfalls auftretende neue Probleme – nicht vorhersehen kann, wenn mit dem Hund noch nicht trainiert wurde.

Der Trainingserfolg ist von zahlreichen Komponenten abhängig, wie etwa:

- Hundetrainer, Hundehalter und Hund
- Sympathie und Antipathie
- Fachwissen von Hundehalter und Verhaltensberater
- Interventionstechnik durch den Verhaltensberater
- innere Motivation des Hundes
- äußere Motivation des Hundes
- … die Liste kann um zig weitere Aufzählungen verlängert werden!

Dennoch können Sie aus dem Gespräch eine *vorläufige Diagnose* stellen und dem Kunden einen vorläufigen Behandlungsplan/Trainingsplan vorstellen. Ob dieser letztlich aufrechterhalten werden kann oder verändert werden muss, wird die Zukunft zeigen – oder praktisch formuliert: Die Entwicklung ist stark von der Mitarbeit des Hundehalters abhängig!

Da ein Hundehalter in den seltensten Fällen immer mit nur einem Problem zu uns kommt, ist es auch notwendig, alle Problemfelder zu sammeln, diese aber zu hierarchisieren:

a. Leinenführigkeit

b. Aggressionen gegen den Nachbarhund

c. Durchwühlen des Mülleimers

Sprechen Sie durch, mit welchem Lösungsverhalten Sie und der Hundehalter beginnen wollen. Während des Gesprächs werden wir als Hundetrainer auch direkt mitbekommen, wie hoch der Leidensdruck des Hundehalters ist. Je höher er ist, desto vielversprechender ist meistens die Prognose, weil dann auch der Hundehalter hoch motiviert ist. Ist der Leidensdruck jedoch wenig ausgeprägt und der Hundehalter „… ist nur bei uns, weil seine Frau gesagt hat, er solle mal was mit dem Hund unternehmen", sind die Chancen relativ gering, die anstehenden Probleme zu lösen. Das Informationsgespräch ist somit zugleich eine gute Möglichkeit, sich selbst die Frage zu stellen, ob der Hundehalter zu uns als Trainer „passt" und umgekehrt! Auch wir dürfen es ehrlich ansprechen, wenn wir mit einem Hundehalter oder seinen Denkmustern nicht zurechtkommen. Manchmal ist ein Ende mit Schrecken besser als ein Schrecken ohne Ende.

7. Welche äußeren Faktoren tragen zum Verhalten bei?

Die Fallanalyse unterteilt sich in sieben einzelne Analysepunkte. Details zu diesen Analysepunkten werden mit den Kernfragen herauskristallisiert.

Eine bewährte Vorgehensweise ist es, zunächst die Punkte 1 bis 5 der untenstehenden Zeichnung durchzugehen und zu schauen, ob sich ein klares Bild ergibt. Als Hilfestellung: Die Punkte 6 und 7 lassen Sie zunächst aus, diese werden tiefer analysiert, wenn die Punkte 1 bis 5 noch kein klares Bild ergeben. Das sieht dann folgendermaßen aus:

Die Fallanalyse

Inhaltlich sollten folgende Analysepunkte und Kernfragen angesprochen werden: Wir empfehlen Ihnen, zuerst die Antworten auf die Kernfragen zu klären. Die Kernfragen sind:

1. In welcher Situation …

2. führte welcher Reiz (Auslöser) …

3. bei welchem Hund …

4. zu welchem störenden Verhalten?

5. Was hat der Hund davon?

6. Welche inneren Faktoren tragen zum Verhalten bei?

In welcher Situation (1) hat welcher Reiz (2) auf welchen Hund (Alter, Rasse usw.) (3) eingewirkt und führte zu welchem Verhalten (4)? Kann erkannt werden, welche Vorteile der Hund von dem gezeigten Verhalten hat (5)? Wenn diese fünf Punkte nach Ihrem Wissen angemessen zusammenpassen, haben Sie ein Verhalten analysiert und brauchen keine weiteren Nachforschungen zu betreiben: Die Sache ist klar.

Übrigens: Es ist nicht wichtig, in welcher Reihenfolge die Informationen abgefragt oder in der vorläufigen Diagnose wiedergegeben werden. Wichtig ist nur, dass alle Punkte Beachtung finden.

Um damit zu starten, gilt es zunächst, die einzelnen Informationen zu ordnen. Je nachdem, an welcher Stelle der Konsultation wir uns befinden, werden uns unterschiedliche Infos zukommen. Beim Infogespräch sind das Ihre Basisinformationen, die Sie erfragen.

Analysepunkt 1: Situation und Kontext

Die Frage nach der Situation kann vom Halter meist relativ leicht beantwortet werden, wenn der Vorfall sich mehrmals wiederholt hat. Sollte es ein Einzelfall gewesen sein und dieser den Halter auch noch sehr aufgewühlt haben, wird er vielleicht nur Bruchteile der Situation benennen können. Achten Sie darauf, dass es hier nicht zu Interpretationen und Bewertungen kommt. Der Hundehalter soll so objektiv wie möglich die Situation beschreiben. Bitte keine Gefühle in diesem Augenblick! Das ist ein schwieriger Punkt, den Sie beachten sollten. Natürlich ist jeder Hundehalter irgendwie subjektiv, wenn es um seinen Hund geht. Bei ungewünschtem Verhalten wird sich das in emotionalen Bewertungen ausdrücken. Hier benötigen Sie aber Fakten!

Folgende Punkte können wichtig sein:

- Anwesenheit/Abwesenheit des Besitzers

- Entfernungen zum Besitzer, zum Reiz, zum …

- Dunkelheit oder schlechte Lichtverhältnisse

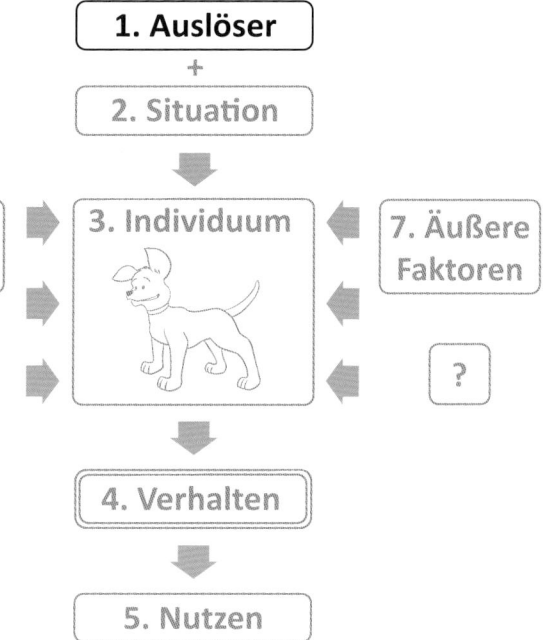

- bestimmte Zeitpunkte, wie unmittelbar vor der Fütterung oder nach einem Spaziergang
- Erregungslage des Hundes durch Dinge, die vorher geschehen sind
- läufige Hündin hatte an diesem Ort markiert
- Wechsel einer Erziehungstechnik
- Ähnlichkeit zu anderen Situationen, die eine bestimmte Bedeutung haben
- …

> **Unterstützen Sie Ihren Kunden**
> *Regieanweisung geben lassen:* Die besten Erfahrungen haben wir gemacht, indem wir den Halter baten, sich vorzustellen, er würde einem Filmregisseur Anweisungen geben. Die Situation sollte genau beschrieben werden und der Film solle alles Geschehene nachspielen. Der Kunde soll sich dabei keine Gedanken machen, ob die anwesenden Personen, Tiere und Objekte eine Bedeutung haben, sondern sich einfach an alles erinnern, was sich in der wahren Begebenheit zugetragen hat.

Analysepunkt 2: Reizidentifikation/Auslöser

Welche Reize wirken in der geschilderten Situation auf den Hund ein?

Auch hier müssen die Aussagen des Halters übersetzt werden, denn er kann die Reize nur aus seiner subjektiven Wahrnehmung heraus beschreiben. Dies klingt dann etwa so: *„... der andere Hund hat doch noch freundlich mit der Rute gewedelt und dann ist er auf meinen losgegangen ...", „... mein Hund hat den anderen doch nur freundlich angeguckt – und dann hatten sie sich schon in den Haaren ...", „... mein Hund mag keine anderen Rüden ...", „... und dann hat sie aus Protest auf den Teppich gepinkelt!"*.

Eine klare Reizidentifikation ist sowohl zur Analyse eines Verhaltens als auch zur Entwicklung eines Behandlungsplanes notwendig. Zur Analyse benötigen Sie den genauen Reiz, damit wir eine Diagnose stellen können, weil der Reiz selber Hinweise auf das Verhalten liefert.

Worauf sollte man bei der Analyse eines auslösenden Reizes achten?

Wenn der Reiz ein anderer Hund ist:
- Hund gehört zur sozialen Gemeinschaft
- Hund gehört nicht zur sozialen Gemeinschaft, ist aber bekannt
- Hund ist fremd
- der Kontakt entsteht plötzlich/überraschend

- Geschlecht des Hundes/kastriert oder intakt
- Verhalten des Hundes
- Hund spielt
- Hund kommt näher
- submissiv (unterwürfig)
- offensiv
- Hund flieht
- Hund zeigt Aggressionen an der Leine
- Hund zeigt Anspannung
- Hund zeigt Angst/Frucht
- Hund zeigt Konfliktbereitschaft

- Größe des Hundes
- Erscheinungsbild des Hundes
- Entfernung des Hundes
- Hund ist freilaufend oder an der Leine
- es handelt sich um mehr als einen Hund

Wenn der Reiz ein Mensch ist:
- Alter sowie körperliche und geistige Reife
- Geschlecht
- gehört zur sozialen Gemeinschaft
- gehört nicht zur sozialen Gemeinschaft, ist aber bekannt
- ist fremd
- Verhalten des Menschen

- bedroht andere Menschen oder Hunde
- sucht Kontakt zum Hund
- ignoriert den Hund
- bedroht den Hund (auch unbewusst bzw. ungewollt)
- lädt zum Spiel ein
- flieht vor dem Hund
- Stimmung des Menschen

- ist angespannt, aufgeregt
- ist unsicher oder hat Angst (vielleicht sogar vor dem Hund)
- ist entspannt
- ist wütend
- ist betrunken oder steht unter Drogen
- hat eine Behinderung oder gehört einem Kulturkreis an, an den der Hund nicht sozialisiert oder gewöhnt wurde

Bei der Analyse von Reiz und Situation kann es zu Überschneidungen kommen. Die Entfernung zu einem anderen Hund kann sowohl ein Merkmal einer Situation oder auch ein Merkmal eines Reizes sein. Es gibt also fließende Übergänge. Wenn eine genaue Reizidentifikation im Kennenlerngespräch nicht möglich ist, wird die genaue Analyse häufig auf einen späteren Zeitpunkt verlegt. Oft können wir als Hundetrainer den Reiz im gemeinsamen Training mit dem Halter viel genauer herausfiltern, als der Halter das aus seiner Erinnerung kann.

Analysepunkt 3: Hund

Jeder einzelne Hund ist ein Individuum und unserer Meinung nach in psychologischer Hinsicht genauso komplex wie ein Mensch. Wo fängt man also an, diese Persönlichkeit zu analysieren und wo sollte man aufhören, weil es zur Lösung unserer Fragen gar nicht mehr notwendig ist, noch weiter zu hinterfragen?

Name, Geschlecht, Rasse, Alter und Zeitpunkt, wann der Hund zum Halter kam, decken viele Fragen ab. Das Thema kann durch die Auflistung der Biografie weiter vertieft werden. Wir empfehlen dafür die grafische Darstellung eines Zeitstrahls. Wichtig für uns Hundetrainer ist, dass wir den chronologischen Lebenslauf eines Hundes kennen und auf diese Weise die Entstehung seiner Probleme rekonstruieren können. Dazu bietet sich die Erstellung eines Zeitstrahls an. Der Zeitstrahl sollte immer mit dem Tag der Geburt des „Patienten" beginnen (in manchen Fällen auch vorgeburtlich), auch wenn der Hund nicht von Anfang an bei seinem Hundehalter war. Dennoch gibt es uns Auskunft über mögliche Deprivationsschäden, hormonelle Veränderungen, Traumata und so weiter.

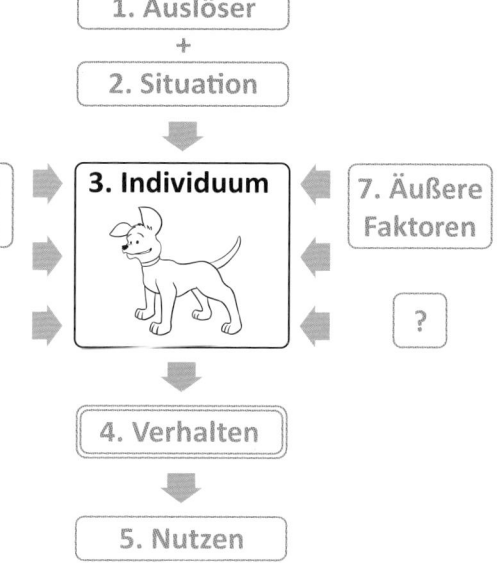

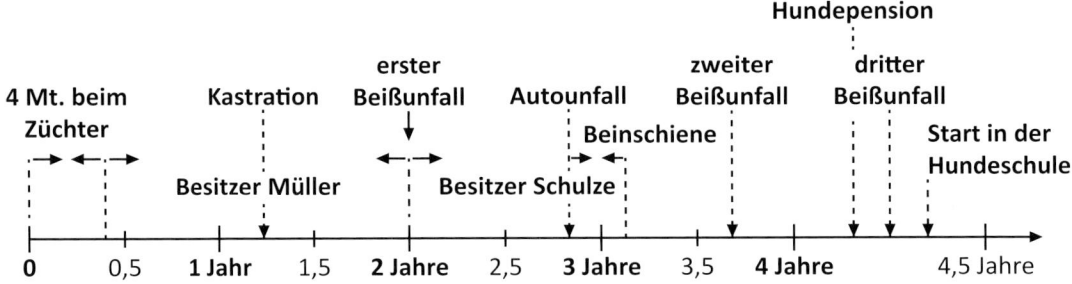

Wichtige Punkte der Biografie können sein:
- Art der Haltung der Mutterhündin
- Angaben zu Wurfgröße und Verteilung der Geschlechter im Wurf
- Trennung vom Wurf
- Art der Haltung im Welpenalter
- Gab es besondere Bindungspartner bzw. Trennungen von diesen?
- Verletzungen oder Unfälle
- medizinische Eingriffe (z. B. Kastration)
- Beginn der Pubertät
- Beginn der zweiten Pubertät
- Läufigkeiten
- Besonderheiten bei Läufigkeiten (besonders lang, anschließende Scheinschwangerschaft o. ä.)
- Zu- und Abgänge der sozialen Gemeinschaft (Menschen und Tiere)
- Veränderung von Rhythmen (Arbeitszeiten der Halter, Putzfrau kommt zu anderen Zeiten)
- Veränderungen im Zuhause, die Stress auslösen können (Bauarbeiten, Anbau eines Wintergartens etc.)

In der Bearbeitung des 7. Analysepunktes werden weitere Fragen gestellt, um herauszufinden, ob weitere Faktoren zu Problemverhalten geführt haben können. Diese sollen den individuellen Zustand des Hundes zum Zeitpunkt der Handlung spezifizieren. Andere Fragen klären generelle innere Faktoren.

Analysepunkt 4: Verhalten

Das Verhalten eines Lebewesens unterliegt ständiger Entwicklung und wird durch seine genetischen Vorgaben sowie die einwirkenden Umweltreize beeinflusst. So vielschichtig wie der Begriff „Verhalten" ist, sind auch die Einflüsse, die das Verhalten eines Tieres formen. Um das Verhalten von Hunden zu verstehen, ist es wichtig, die verschiedenen Einflüsse darauf näher zu betrachten.

Die Analyse des Verhaltens verlangt einiges an Vorkenntnissen. Diese sind unter anderem folgende Punkte, die Sie sicher auch inhaltlich im Rahmen Ihrer Ausbildung erlernt haben, daher gehen wir an dieser Stelle nicht auf diese Punkte ein:

- die Unterscheidungsfähigkeit von Verhaltensstörung und einem störenden Verhalten

- die Unterscheidungsfähigkeit eines gesunden Verhaltens und von einem kranken Verhalten

- die Kategorien des Verhaltens und der Eskalationsstufen in der Aggression

- Analyse des Ausdrucksverhaltens

- Kenntnisse über den Ablauf einer Verhaltenssequenz

Analysepunkt 5: Nutzen/ Funktionsanalyse

Jetzt kommen wir zum 5. Punkt unserer Analyse. Nämlich zu der Überlegung, welche positive(n) Konsequenz(en) aus der Sicht des Hundes zur Aufrechterhaltung und Festigung des Verhaltens beitragen. An diesem Punkt legen wir unsere Konzentration auf die Erforschung dessen, welche Verstärker er nach seinem Verhalten erfahren könnte. Dieses Instrument können wir nicht nur einsetzen, wenn es um Verhalten geht, das der Hund zeigt, genauso können wir es einsetzen, bei Verhalten, welches unser Hund *nicht* zeigt. Oder ganz pragmatisch gesprochen: Wir bekommen das Verhalten, was wir verstärken (bewusst oder unbewusst), das ist aber nicht immer das, was wir wollen!

Hier sind die wichtigsten Fragen, die zur Klärung der Funktion eines Verhaltens wesentlich sind:

1. **Wie reagiert der Besitzer auf das Verhalten des Hundes?**

2. **Kann es selbstbelohnende Effekte geben?**

3. **Wie verhält sich der Hund unmittelbar nach der betreffenden Handlung: Erwartet er scheinbar eine Belohnung?**

Eine Funktionsanalyse dient zur objektiven Einschätzung von Verhalten und bietet zugleich die Grundlage für die Bemessung der Entwicklung einer Verhaltensänderung.

Analysepunkt 6: Innere Faktoren

Hat die Analyse der Punkte 1 – 5 noch kein klares Bild erbracht, tauchen wir noch weiter ein und gehen den Punkt 6 unserer Liste an. Hier handelt es sich um die „inneren Faktoren" eines Individuums.

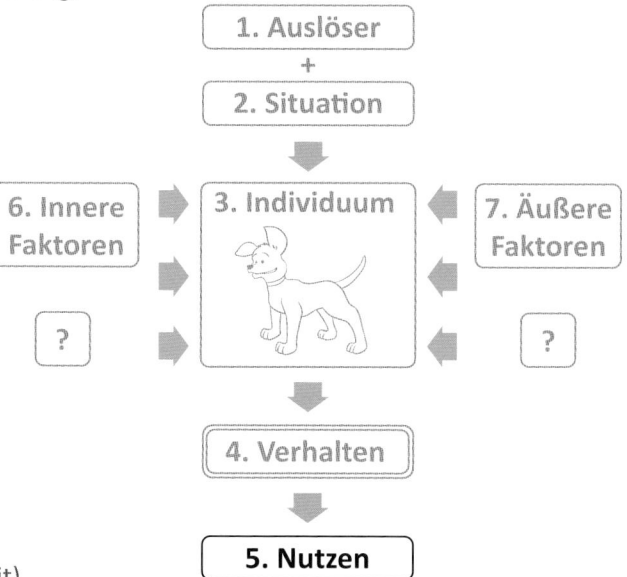

Zu den inneren Faktoren zählen:

- organische Erkrankungen

- Schmerzen

- hormoneller Status (z. B. Läufigkeit)

- Medikamentengaben

- Kastration

- genetische, vererbte Gründe

Analysepunkt 7: Äußere Faktoren

Zu den äußeren Faktoren zählen alle verhaltensbeeinflussenden Komponenten, welche nicht direkt mit dem Organismus des Hundes zu tun haben. Hierunter fallen in aller erster Linie die Haltungsbedingungen, aber auch Auswirkungen einer Deprivation.

Um die äußeren Faktoren zu hinterfragen, sollten folgende Fragen gestellt werden:

Die Entwicklung betreffend
- Hat die Mutterhündin auffällig asoziale Verhaltensweisen gegenüber ihren Welpen gezeigt?

- Mussten die Welpen aufgrund des Verhaltens verfrüht von der Mutter getrennt werden?

- Kam es zu Deprivationsschäden des Hundes in der sozial-sensiblen Phase?

- Wann wurde der Welpe vom Wurf/von der Mutter getrennt?

- Hatte der Hund traumatische Erlebnisse?

- Hatte der Hund schwere Erschütterungen seines Sicherheits- oder Bindungsbedürfnisses? (z. B. durch Halterwechsel)

Die Haltung betreffend
- Gibt es Anhaltspunkte für eine Über- oder Unterforderung des Hundes? Beides kann zu Stresssymptomen führen.

- Ist der Hund genügend ausgelastet oder unterfordert?

- Oder zuviel = Hubschrauber/Helikopter-Eltern-Syndrom? (Dieser spaßig gemeinte Ausdruck hat in pädagogischen Kreisen schon einen Fachwort-Status bekommen. Gemeint sind damit überbemühte Eltern, die wie ein Hubschrauber um ihre Kinder kreisen, um diese zu überwachen und zu behüten. Ihr Erziehungsziel ist teilweise zwanghaft und führt zur Überbehütung und Einmischung in die Angelegenheiten des Kindes.)

- Hat der Hund genügend Sozialkontakte (menschliche wie hundliche)?

- Welche Stabilität hat der Hund in seiner sozialen Position? Weiß er um seine Rechte und werden Regeln hundeverständlich und konsequent umgesetzt?
- Verläuft die Mensch-Hund-Kommunikation für den Hund verständlich und angemessen?

Die häufigsten Stressoren für Hunde liegen unserer Erfahrung nach in einer für den Hund ungeeigneten Haltung. Bevor ausgefallene Therapiemaßnahmen und Medikamente verwendet werden, sollte bei auffälligen Erkenntnissen aus obigen Fragen zunächst eine Optimierung angestrebt werden. Ein Ignorieren dieser ungeeigneten Haltungsbedingungen bedeutet ein Vernachlässigen der grundlegenden Bedürfnisse des Hundes und verhindert dauerhafte Erfolge mit Ihrem Training!

Haben Sie nun Ihre (vorläufige) Meinung gefunden zu Hund, Halter und dem Problem, sollten Sie diese dem Halter mitteilen. Dies ist nicht immer ganz einfach. Viele Verhaltensprobleme haben sich erst durch ungeeignetes Verhalten des Halters entwickelt. Ihm dies mitzuteilen, ohne einen Vorwurf mitklingen zu lassen (dieser würde nur zur sinnlosen Rechtfertigung bis hin zum Lügen führen) erfordert einige Grundlagen in der Gesprächsführung.

Wie sicher sind Verhaltensprognosen?

Prognosen über ein bestimmtes Verhalten sind etwa so zuverlässig wie Wettervorhersagen. Je mehr Verhaltenssituationen Sie überprüfen, d. h. je mehr Daten/Informationen Sie gesammelt haben, desto genauer fällt Ihre Prognose aus. Aber genau wie bei der Wettervorhersage können auch hier kleinste, unbekannte Faktoren zu einem anderen Erscheinungsbild führen, als wir es aus den übrigen Informationen ableiten

konnten. Auch kann es gut sein, dass sich einige Verhaltensweisen erst beim späteren Training entwickeln oder dem Halter zuvor gar nicht bewusst aufgefallen sind.

Daher kommt es immer wieder zu kleinen und großen Überraschungen. Kalkulieren Sie diese ein und kommunizieren Sie dies auch mit Ihrem Kunden, damit er darüber informiert wird und sich darauf einstellen kann.

Es ist absolut unmöglich, eine wirklich sichere Vorhersage über das Verhalten eines Hundes zu treffen. Für sein Aggressionsverhalten gilt dies ganz besonders. Überlegen Sie also auch, wie Sie ein Ergebnis Ihrem Kunden gegenüber formulieren.

Generell können wir über Prognosen nur Folgendes sagen: *Hat ein Hund in einer konkreten Situation ein bestimmtes Verhalten gezeigt, ist es sehr wahrscheinlich, dass er dieses Verhalten in der gleichen Situation wieder zeigen wird.*

Aus diesem Grund sollten Prognosen sehr vorsichtig formuliert werden. Phrasen wie

- … bei Einhaltung aller Behandlungselemente ist zu erwarten

- … ohne Garantie auf Erfolg

- … wenn keine weiteren Verhaltensfaktoren auftreten, können wir erwarten, dass …

verdeutlichen, dass und warum wir uns nicht vollständig festlegen können.

Ihre Behandlungsempfehlung

Die Behandlungsempfehlung fasst die wesentlichen Empfehlungen und Trainingsanleitungen zusammen. Damit werden Übertragungsfehler an weitere Familienmitglieder sowie das Vergessen vermindert. In komplexen Fällen haben Sie die Möglichkeit, den Hundehaltern die Behandlungsempfehlung einige Tage nach einem Beratungsgespräch nachzusenden. Dies verschafft Ihnen mehr Zeit, um den Fall noch einmal zu rekapitulieren.

Wenn Sie daran denken und dafür sorgen, dass Ihr Angebot

- *für Sie gut ist,*

- *für Ihren Kunden gut ist,*

- *für den Hund gut ist und,*

- *für die Allgemeinheit gut ist,*

dann können Sie nicht falsch liegen, wenn dieser Hundehalter Sie bucht und Sie sich zu Ihrer ersten Trainingsstunde verabreden.

> *Der Grundsatz: „Keine Behandlung ohne Auftrag!" sollte unbedingt beachtet werden. Denn aus unserem Grundbedürfnis, helfen zu wollen, entstehen Situationen, in denen wir (unaufgefordert) bereits ein Training absolvieren, obwohl die „Kunden" noch*

gar nicht zugestimmt haben. Die Folgen können sein, dass die potenziellen Kunden nun keine Kunden mehr werden, weil sie sich bedrängt fühlen. Wesentlich häufiger kommt es jedoch zu einer Unzufriedenheit Ihrerseits. Und zwar, weil Ihre Kunden höchstwahrscheinlich Ihre Empfehlungen nicht umsetzen werden.

Strukturieren Sie Ihre Trainingsstunden so, dass Sie die ganze Zeit über Ihren Hundehalter führen können. Er sollte sich wohl und sicher fühlen. Folglich übernehmen Sie in der Stunde auch mehrere Rollen:

- Sie sind der Hundetrainer, der das fachliche Wissen hat und weitervermittelt

- Sie coachen gleichzeitig den Hundehalter, während er mit seinem Hund trainiert

- Sie sorgen für ein Umfeld, in dem Hund und Halter entspannt üben können. Sie schützen das Team.

- Gleichzeitig regen Sie verschiedene Sinne an, um den Hundehalter bestmöglich lernen zu lassen. Sie unterhalten ihn.

- Sie sind der Vertraute des Kunden.

- Sie sind Ratgeber.

- usw.

Alle diese Dinge finden gleichzeitig statt. Das macht es für Sie als Hundetrainer schön, aber auch anstrengend zugleich. Strukturieren Sie Ihre Stunden. Es spielt keine Rolle, ob Sie dem Kundenteam in eine Einzelstunde oder eine Gruppenstunde empfehlen, diese können Sie einem ähnlichen Muster aufbauen, dass die Routine Sie entlastet:

Einzelstunde oder Gruppenstunde:

- Kurze Begrüßung und erfragen, ob etwas Besonderes in der letzten Woche geschehen ist

- Kurze Überprüfung der Hausaufgaben, kleine Korrekturen und Lob für den Hundehalter

- Erklären neuer Übung um umsetzen

- Wiederholung/ Theorieeinheit

- Hausaufgaben

Verlassen Sie sich auf Ihre innere Uhr. Sie werden schnell sehen, dass sich eine Stunde in drei Teile einteilen lässt. In den ersten zwanzig Minuten sind die Hunde noch sehr energiegeladen, manchmal auch ein wenig drüber. Hier ist es sinnvoll, sie mit Übungen zu konfrontieren, die der Wiederholung dienen. Sie fragen hier also die Hausaufgaben ab. Die Hunde können sie – das macht den Erfolg aus, dennoch müssen sie sich konzentrieren und entspannen sich darüber. Sie werden aufnahmefähig für die zweiten zwanzig Minuten. In der Zeit zeigen Sie meist eine gute Konzentration und Lernbereitschaft. Nach 40 Minuten – und das werden Sie ohne Uhr erkennen, wenn diese um sind – zeigen sich die einen oder anderen Übersprungshandlungen und Unkonzentriertheit. Im letzten Block Ihrer Stunde sollten Sie folglich nur noch leichte und bereits bekannte Übungen trainieren und Hausaufgaben für die nächste Woche planen. Durch dieses Muster fällt es Ihnen leichter, Stunden vorzubereiten und auch den Schweregrad Ihrer Übungen immer auf dem Level zu halten, dass trotz unterschiedlicher Konzentrationsmöglichkeiten der Hund und sein Halter immer gemeinsam Erfolge feiern können. Das motiviert beide!

Benötigen Sie Zubehör können Sie das auch im Vorfeld einplanen und parat halten, damit unnötiges Suchen, enttüddeln von Schleppleinen und so weiter entfällt und diese Zeit in Ihrem Unterricht bleibt.

Aufbau der Trainingsstunde

Gestalten Sie eine reine Trainingsstunde, verläuft der Aufbau meistens so: Ihr Kunde nennt das ihn störende Verhalten, Sie formulieren das Problem in ein positives Ziel um und definieren das Trainingsziel (Feinziel). In praktischen Übungen nähern Sie sich gemeinsam mit dem Kunden zusammen dem Trainingsziel. Am Ende der Stunde werden Übungen definiert, welche der Hundehalter in der Zeit bis zur nächsten Stunde absolvieren soll (Hausaufgaben).

Hört sich einfach an. Ist es auch, wenn man folgende Grundsätze beachtet, die wir Ihnen als Übersicht zusammengestellt haben. Sollte es irgendwann in Ihrem Training haken, legen Sie sich diese Liste zurecht und gehen die einzelnen Punkte durch und gleichen Sie mit Ihrem Training ab:

- Optimierung der Beziehung zum Halter
- Einverständnis überprüfen
- Symptome einordnen
- das Hundeverhalten „übersetzen"
- Ziele formulieren
- Lösungen entwickeln
- Lösungsschritte vermitteln und erklären
- neue Bewertungen schaffen
- dem Halter Werkzeuge zur Verfügung stellen (Interventionstechniken)
- Erfolge sichtbar machen
- Übungen:

  1. erläutern, welches Ziel diese Übung hat und was sie bewirkt
  2. Übung erklären
  3. Eventuell Begleitinformationen geben
  4. präzise Anweisungen
  5. **kleine, einfache Schritte – an Hund und Halter anpassen**
  6. Übung ausführen lassen
  7. Feedback – Korrektur oder Bestätigung, dass alles richtig gemacht wurde
  8. Nachfrage, wie der Halter die Übung empfindet
  9. Eventuell Begleitinformationen geben
  10. die gemachten Übungen als „Hausaufgabe" mitgeben

Erste Stunde:

1. Begrüßung – Einstimmung
2. dem Halter Raum zum „Jammern" geben, um die Bedürfnisse des Halters zu verstehen und ihn zu entspannen
3. Trainingsziele insgesamt festlegen
4. Trainingsziele hierarchisieren: 1., 2., 3., …
5. Trainingsziel für diese Stunde festlegen oder bestimmen, womit in dieser Stunde begonnen wird.

Folgestunden:

1. „Wie war die Woche?"
2. „Was hat sich getan?"
3. Veränderungen?
4. Wie stark waren die Veränderungen auf einer Skala von 1 – 10? Alternativ auch: Schulnote geben oder in einer Grafik darstellen.

5. Eventuell ein Gespräch führen
6. zum Einstieg: Übungen zur Kontrolle kurz wiederholen
7. an diese Übungen anknüpfen und Variationen einbauen = erschweren
8. neue Übungen beginnen

Protokoll führen: 1. Termin
- Wichtige Daten zum Hund und Anschrift des Halters, Telefon usw.
- Problem
- Analyse
- Ist-Zustand
- Skizze Wohnung
- Welchen Rat/welche Empfehlungen habe ich gegeben?
- Welche Übungen haben wir gemacht?
- Welche Hausaufgaben habe ich gegeben?
- Zufriedenheit des Kunden?
- Planung für den nächsten Besuch

Zweiter Termin und folgende
- Kontrolle Ist-Zustand
- Welchen Rat/Empfehlungen habe ich gegeben?
- Welche Übungen haben wir gemacht?
- Welche Hausaufgaben habe ich gegeben?
- Zufriedenheit des Kunden?
- Planung für den nächsten Besuch

Coaching

In einem Coaching-Prozess steht nicht so sehr die direkte Verhaltensänderung des Hundes (wie im Training) im Vordergrund, sondern die Persönlichkeitsentwicklung des Halters. Viele Hundehalter sehen das Problem mit ihrem Hund als ein Symptom für andere Baustellen in ihrem Leben. Der Hund sei zu ihnen gekommen, damit sie etwas lernen können. Mit verschiedenen Techniken wird vor allem die Möglichkeit der Wahrnehmung verändert. Daraufhin kann der Halter selber eigene Lösungen entwickeln. Aber auch bei der Entwicklung von Lösungen können wir ihn unterstützen.

Beratung

Ab und an wünscht sich der Hundehalter lediglich eine Beratung durch einen kompetenten Fachmann. Er möchte weniger etwas gezeigt bekommen, er möchte nur bestimmte Dinge und Zusammenhänge verstehen können. Die häufigsten Beratungsgespräche beziehen sich auf:

- Stubenreinheit
- Infos über Mehrhundhaltung bzw. über Anschaffung eines (weiteren) Hundes

- Analyse und Erläuterung von Hundeverhalten

- Spaziergang mit läufiger Hündin

- Hundefutter (natürlich nur, wenn der Hundetrainer auch Kenntnisse darüber besitzt)

Hilfsmittel in der Analyse: Klarheit schaffen, wenn es verworren wird

Egal, wie fit Sie sich fühlen, das eine oder andere Mal können Sie noch ein paar Tipps und Kniffe benötigen, wenn es mal hakt. Da sich dieses Buch mit dem Aufbau Ihrer Hundeschule beschäftigt, wollen wir kurz zusammengefasst noch Tipps geben, die Sie bestimmt im Laufe Ihrer Ausbildung erlernt haben und sich dann bei passender Gelegenheit wieder hervorholen können. Aus diesem Grund erklären wir diese nicht mehr im Detail. Sollten Ihnen die Mittel dazu jedoch fehlen, können Sie sich gerne bei uns Autoren melden!

Arbeiten Sie folgendermaßen:

- Machen Sie ein **Ausschlussverfahren**. Dazu gehört die Aufzählung aller Möglichkeiten, die zum Verhalten führten und im Anschluss die Prüfung einer jeden Möglichkeit, ob sie wohl in Frage kommen könnte.

- Geben Sie dem **Entstehungsgrund** eine Größe. Haben Sie mehrere Faktoren herausgefunden, warum der Hund ein ungewünschtes Verhalten zeigt, so listen Sie diese auf und fragen Sie den Hundehalter, zu wie viel Prozent ihn dieses Verhalten stört. Haben Sie vier Ursachen, ergeben diese gemeinsam 100 %.

- **Sortieren** Sie das störende Verhalten. Ein Hundehalter kommt oft mit mehreren Baustellen, die jedoch oft alles eins für ihn sind. „Mein Hund zeigt Aggressionen gegenüber der Katze und hat auch schon eine getötet (Sie wissen: Jagdverhalten) und eine Woche später hat er einen Hund gebissen, der auf unser Grundstück kam (Sie wissen: u.a. Territoriale Aggression). Ihr Kunde weiß aber nur: Katastrophe! Klären Sie ihn in Ruhe darüber auf, dass jedes störende Verhalten sortiert wird und auch jedes anschließend ein individuelles Training erfährt.

- **Trichtermodell**: Zeichnen Sie einen Trichter. Oben werden die Gründe für das Verhalten eingetragen, unten das Verhalten, das sich aus diesen Gründen ergibt und sozusagen aus dem Trichter herausfällt. Sie verdeutlichen dem Hundehalter darüber, warum das Verhalten entstanden ist.

- Suchen Sie das **Leitsymptom**. Jedes Leitsymptom kann nur eine begrenzte Anzahl von Ursachen haben. Wir betrachten die einzelnen Ursachen, die ein solches Verhalten bewirken können und bewerten, ob sie in diesem Fall zutreffen. Durch dieses Ausschlussverfahren entfallen eine ganze Reihe von Ursachen, sodass am Ende nur eine (vielleicht auch mehrere) der noch auf der Liste stehenden Ursachen übrigbleibt. Das muss dann in diesem besonderen Fall die richtige sein.

- S**tellen Sie Situationen nach**, etwa dann, wenn der Hundehalter sich nur schwer an die Situation erinnern kann. Beachten Sie aber, dass der Hund jedoch nur in solchen Situationen eingebunden wird, in denen sich das ungewünschte Verhalten nicht verschlimmern wird, etwa bei Aggressionsproblemen, sollte das nur mit dem Hundehalter durchgespielt werden.

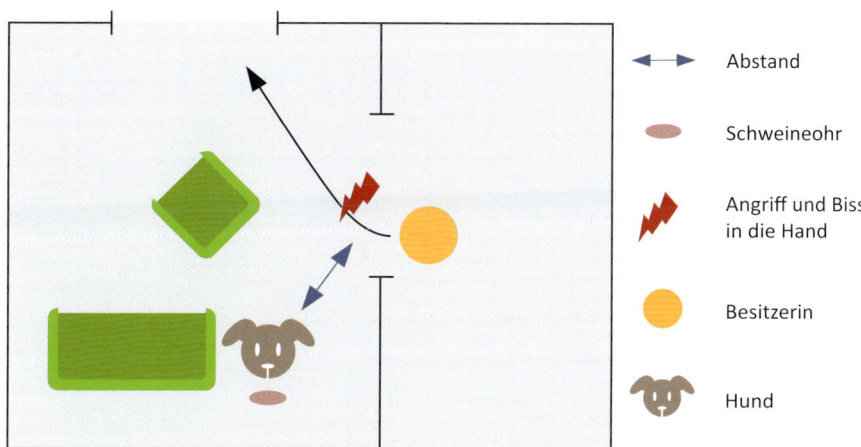

- Fertigen Sie **Skizzen** an, um zeitliche und räumliche Verläufe besser zu verstehen, ebenso wie Videos und Filme. Achten Sie dabei aber immer auf eine schriftliche Einwilligungserklärung.

- Verwenden Sie **Beißgradtabellen** zum Abgleich. Eine Beißgradtabelle zeigt das gesamte Spektrum der möglichen Aggressionsintensitäten eines Hundes auf. Die Einordnung eines Aggressionsvorfalles in eine solche Tabelle gibt vor allem auch dem Halter eine objektive Übersicht darüber, welche Intensität die Aggression seines Hundes wirklich hatte.

- Lassen Sie sich **Tierarztbefunde** mitbringen.

- **Beobachten** Sie auch oder gerade dann, wenn nicht trainiert wird. Dann zeigen Hund und Halter oft die „nackte Wahrheit".

- Machen Sie **Tests** zu Frustrationstoleranz und Lernverhalten.

Die Beziehung zwischen Ihnen und dem Hundehalter – drei Faktoren zur Motivation

Der Wunsch, etwas zu verändern: „Ich will es!"

Der Wunsch, etwas verändern zu wollen, hängt vom Leidensdruck ab, den der Halter empfindet. Der Leidensdruck lässt sich definieren mit der oft unbewussten Vorstellung davon, wie schön es doch wäre, wenn der Hund sich anders verhalten würde und wie sehr sein Verhalten jetzt stört. Die Aufgabe des Hundetrainer ist es, dem Halter diesen Unterschied klarer und deutlicher zu machen.

Fähig sein, etwas zu verändern: „Ich kann es!"

Auch wenn der Besitzer etwas ändern will, heißt das ja noch nicht, dass er dazu auch in der Lage ist. Darüber hinaus weiß er eventuell nicht, dass eine Veränderung auch für ihn machbar ist. Gemeinsame Trainingsmethoden und gemeinsame Vorgehensweisen schaffen ein „Co-Verhältnis", das den Halter im Glauben an die Machbarkeit unterstützt.

Bereit sein, etwas zu ändern: „Ich will und kann es jetzt!"

Zu den oben genannten Faktoren gehört jetzt auch noch, dass der Wunsch nach Veränderung ganz oben auf der Prioritätenliste der Halter steht. Der erschöpfte Halter eines unkontrollierbaren Hundes wird nicht mit dem Hund trainieren, wenn seine Partnerin gerade schwer erkrankt ist. Empathische Fähigkeiten des Hundetrainers führen dazu, Verständnis aufzubringen, obwohl das Verhalten der Kunden irrational erscheint.

Ihre motivierenden Elemente in der Beratung:

- Feedback geben

- Verantwortung in die Hände des Halters legen, ihn aber dabei begleiten

- Informieren, aufklären

- Vorschläge machen und Wahlmöglichkeiten anbieten

- Empathie zeigen

- Hoffnung und Überzeugung vermitteln

Weitere Tipps, die Sie auf Ihrem Weg mit Ihrem Kunden unterstützen sollen

Teufelskreise auflösen – so geht's:

Sie werden unter Garantie auf „Ja, aber … – Kunden" stoßen. Sie verstehen eindeutig, was Sie vorschlagen und meinen, sind aber teilweise so in ihrem Alltag gefangen, dass es unmöglich scheint, Ihren Tipp umzusetzen. Jetzt sind Sie gefragt. Hinterfragen Sie das Problem genauer. Zeichnen Sie es auf, sprechen Sie es an! Zeigen Sie, dass Sie eine gemeinsame Lösung mit dem Hundehalter finden wollen.

Wenn verstanden wird, was ursprünglich hinter dem eigentlichen Verhalten steckt, kann man sein eigenes Verhalten ändern. Wir reagieren dann nicht mehr auf das Verhalten des anderen, sondern auf die dahinterliegenden Motive des Verhaltens. Somit sind wir in der Lage, „über der Sache" zu stehen. Jetzt können Sie mögliche unnütze Schuldzuweisungen und moralisierende Bewertungen weglassen. Es gibt nicht mehr „das arme Opfer" und „den bösen Täter". Ziel ist es, die Gesamtübersicht zu bekommen und wieder Verantwortung für das eigene Verhalten zu übernehmen. Hier hilft die Visualisierung des Teufelskreismodells. Der Hundetrainer muss (sollte) hier keine Vorschläge zur Lösung machen. Der Kunde findet nach dem Erkennen der Situation eine eigene Lösung. Eventuell kann der Hundetrainer fragen: „Wo müsste man ansetzen, um diesen Teufelskreis aufzulösen?"

Wertedenken – Gleichheit

Jeder Mensch hat sein individuelles Wertedenken, Prioritäten und Werte, die ihm besonders wichtig sind. Unsere Staffelung in der Wertigkeit ist subjektiv. Je wichtiger uns ein Wert ist, desto enttäuschter/verletzter sind wir, wenn dieser Wert in unseren Augen verletzt wurde. Dies ist ein brisanter Punkt, denn hier kann es zu kommunikativen Missverständnissen mit dem Hundehalter kommen.

Unsere Wertereihenfolge:
1. **Klarheit – Wir wollen dem Hund-Halter-Team helfen, eine stabile Bindung zum Hund aufzubauen.**

2. **„Liebe" zum Tier**

Wertereihenfolge des Hundehalters:
1. „Liebe" zum Tier

2. Klarheit – in der Beziehung zu seinem Hund

Anhand dieses einfachen Beispiels – natürlich kann die Wertetabelle unzählig ergänzt werden – sehen wir nun recht pragmatisch, worauf unser Trainingsfokus liegt. Vielleicht auch mit dem Argument, dass wir wissen, dass eine klare Kommunikation zu einer besseren Mensch-Hund-Beziehung führt, die der Halter als Liebe zum Tier (etwas Emotionales) ansieht.

Was passiert aber, wenn wir einem Hundehalter, dessen Priorität die Liebe zum Tier ist, erklären, dass es gar nicht sinnvoll ist, dass der Hund regelmäßig etwas vom Tisch bekommt, da er ansonsten nicht mit dem störenden Verhalten, dem Betteln, aufhören wird?

Der Hundehalter wird über seine Emotion folgendes Bild vor Augen haben. *Achtung, wir übertreiben hier zur besseren Verdeutlichung!* Der Hund wird seinen Koffer packen und ins nächste Tierheim ziehen wollen, da Frauchen / Herrchen ihm gerade seine Wünsche abgeschlagen haben und der Hund seine Besitzer deswegen nicht mehr liebt. Dies ist ein Grund, warum wir im Training häufig nicht zum Ziel kommen, denn wir haben eine andere Vorstellung von Werten als der Kunde.

Die gute Nachricht: Das ist überhaupt nicht schlimm! Wir müssen nur akzeptieren, dass andere Menschen andere Werte und eine andere Wertereihenfolge haben. Wenn wir das verstehen, finden wir auch im Training einen anderen Ansatzpunkt, um den Kunden da abzuholen, wo er steht. In unserem einfachen Beispiel wäre es, zu erkennen, dass das Betteln zwar tatsächlich stört, aber der Gedanke daran, dass der Hund sich dem Kunden entzieht, für den Hundehalter das schlimmere Verhalten ist. Das ist ein Trainingspunkt, den wir berücksichtigen müssen, um ganzheitlich und erfolgreich zu arbeiten.

Ihre Aufgabe:
Fragen Sie Ihre Kunden nach ihren Werten. Fragen Sie nach der Reihenfolge und der Wichtigkeit der Werte.

Die richtigen Fragen stellen

Dies hört sich vielleicht leichter an, als es ist. Die Fragen in der Analyse sollten drei Dinge vermeiden. Sie sollten weder einen Vorwurf noch eine Suggestion oder eine Unterstellung enthalten.

Ohne Vorwurf (auch keinen unterschwelligen)

Statt: „Sie müssen Ihren Hund besser auslasten!"

Besser: „Wünschten Sie sich, Ihren Hund mehr auszulasten, wenn Ihnen dies möglich wäre?"

Begründung: Alle Hundehalter wissen inzwischen, dass eine mangelnde Auslastung zu Problemen führen kann. Auch wissen sie, dass man seinen Hund auslasten sollte. Auf der anderen Seite aber kann es sein, dass der Halter den Hund aus verschiedensten Gründen unterfordert. Wenn wir ihn nun damit direkt konfrontieren, werden nur die wenigsten Kunden zu diesem Problem stehen. Es ist schon reflexartig, wie jemand auf einen Vorwurf reagiert: Entweder kommen Ausflüchte, Verschiebung von Verantwortlichkeit oder Lügen.

Besser ist es da, etwas so zu formulieren, dass der Halter sich nicht angegriffen fühlen muss. Mit der Frage: „Wünschten Sie sich, Ihren Hund mehr auszulasten, wenn Ihnen dies möglich wäre?" implizieren Sie, dass der Halter den Hund auslasten möchte (er hat eine gute Absicht) dies aber nicht kann. Und weiterhin hört der Halter aus der Frage, dass Sie (wahrscheinlich) Verständnis für seinen Grund aufbringen werden.

Ohne Suggestion

Statt:
1. „War das ein großer Hund, der auf Sie zukam?"

2. „Haben Sie schon lange gespielt, als er das Spiel abbrach?"

3. „Hat Ihr Hund öfter Probleme mit anderen Rüden?"

Besser:
Zu 1. „War das eher ein kleiner oder eher ein großer Hund, der auf Sie zukam?"

Zu 2. „Wie lange haben Sie gespielt, als er das Spiel abbrach?"

Zu 3. „Wie oft hat Ihr Hund Probleme mit anderen Rüden?"

Begründung:
Suggestionen lassen dem Befragten nur noch wenig Spielraum für die eigene Wahrnehmung, Begrifflichkeiten (groß, klein, zart, grob usw.) und Interpretationen des

Geschehen. Sobald die Aussage des Fragers auch nur ungefähr in die richtige Richtung geht, bejaht der Hundehalter die Antwort: „Ja, das war ein großer Hund." Dadurch erhalten wir nicht nur verzerrte Aussagen, die Wahrnehmung des Halters wird auch verändert.

Ohne Unterstellung

Statt:
1. „Ihr Hund war doch bestimmt nicht ausgelastet?"

2. „Da hat Ihr Hund doch bestimmt Angst bekommen?"

3. „Da hat Ihr Hund bestimmt wieder mit einer Aggression reagiert?"

Besser:
Zu 1. „Konnten Sie Ihren Hund genügend auslasten?"

Zu 2. „Wie genau hat sich Ihr Hund da verhalten?" (bei einer Frage zu einem Verhalten)

Zu 2. „Was glauben Sie, hat Ihr Hund da gefühlt?" (bei einer Frage zu einer Interpretation)

Zu 3. „Was hat Ihr Hund dann genau getan?"

Begründung: Unterstellungen vereinen die negativen Aspekte von Suggestionen und Vorwürfen, da sie eine von uns genannte Behauptung mit einem Angriff verbinden. Beim Halter kann sich das Gefühl einstellen, dass wir sein Gegner sind. Dabei wünscht er sich doch, dass wir auf seiner Seite stehen.

Jetzt sind Sie dran

Haben Sie den Kunden auf Ihrer Seite und eine vertrauensvolle Ebene geschaffen, geht es direkt mit der Überprüfung Ihrer Fachkenntnisse weiter. Es reicht heutzutage nicht mehr aus, einem Kunden zu vermitteln, dass eine Trainingsmöglichkeit toll ist und er sie deshalb nehmen sollte oder im Gegenteil, ihm zu vermitteln, dass das von ihm ausgesuchte Hilfsmittel nicht geeignet ist und er es deshalb nicht benutzen sollte. Sie müssen Ihren Kunden im Training mit einem sehr guten Fachwissen beraten.

Dazu gehört, dass Sie einem Halter erst dann eine Trainingstechnik vorstellen können, wenn Sie die Ursache für das hündische Verhalten herausgearbeitet und ihm die Ursache mitgeteilt haben. Allein das erfordert ein hohes Fachwissen. Erkennen Sie den Grund des Handelns des Hundes nicht, können Sie nur mit „Standardtechniken" arbeiten. Damit sind Sie aber nur bis zu einem gewissen Punkt erfolgreich, niemals zu 100 %. Im schlimmsten Fall verschlimmert sich sogar das Problem.

Jede Trainingstechnik, die Sie einsetzen, müssen Sie als Trainer kennen. Dabei sollte Sie folgende Punkte erkennen und erklären können:

- Welches Material benutze ich und wie funktioniert es? Wissen Sie es nicht, sollten Sie sich informieren, bis Sie es wissen – und auch vorher nicht benutzen. (Von einem Friseur erwarten wir auch, dass er die Schere schon mal vor uns benutzt hat!)

- Welche Vorteile haben die Materialien, wie wirken sie auf den Hund ein?

- Welche Nachteile haben die Materialien, wie wirken sie auf den Hund ein?

- Wie muss der Halter die Techniken einsetzen? Was muss er beachten?

- Wie nimmt der Halter die Schulung der Technik durch uns als Trainer an? Wie klein muss ich die Schritte für die Hausaufgaben wählen, sodass nach einer Woche Training ein Fortschritt zu erkennen ist und sich das Verhalten nicht verschlechtert?

- Wir sollten – im Geiste – eine Einschätzung formulieren, was nach einer Woche Training mit dieser Technik zu erwarten ist.

- Welche Fehler können bei falscher Nutzung auftreten?

- Für welchen Typus Hund und Halter ist das Training geeignet – passt es hier?

Eine neutrale, aber fachlich korrekte Aufklärung, warum sein bisheriges Training/Einsatz von Hilfsmitteln nicht funktionierte, ist notwendig. Dabei muss ich als Verhaltensberater auf den Hund, den Menschen und die beiden zusammen in Interaktion eingehen können. Es kann nämlich gut sein, dass der Hund für eine Trainingsmöglichkeit hervorragend geeignet wäre (wie etwa beim Clickertraining),

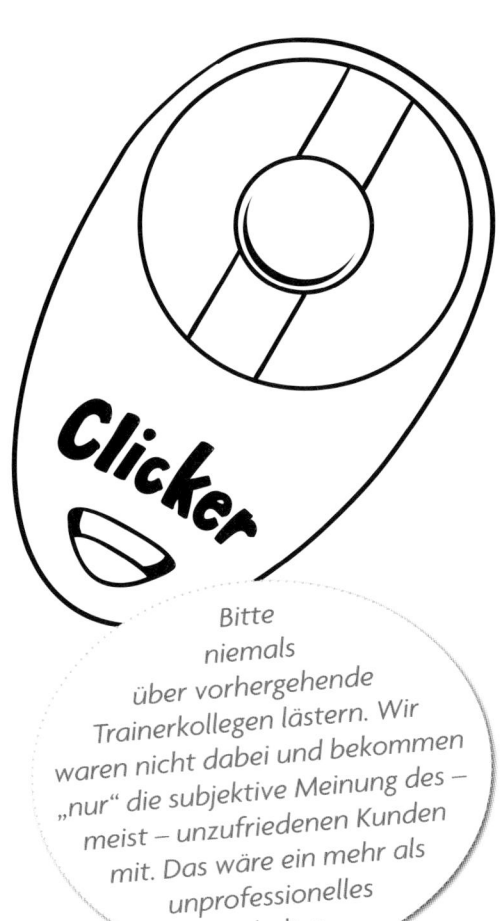

Bitte niemals über vorhergehende Trainerkollegen lästern. Wir waren nicht dabei und bekommen „nur" die subjektive Meinung des – meist – unzufriedenen Kunden mit. Das wäre ein mehr als unprofessionelles Verhalten.

aber Herrchen leider ein schlechtes Timing mit dem Clicker hat und dem Hund eher Unerwünschtes beibringen würde, statt richtiges Verhalten zu formen.

Bei allem was Sie einsetzen, müssen Sie das richtige Wissen um die Methoden haben! Diese Qualität ist zwar für Hundetrainer der härtere Weg, aber der, der sich auf Dauer als richtig abzeichnen wird. Wenn Sie fachlich argumentieren können, wächst automatisch Ihr Wissen und damit auch Ihr Kundenstamm, den Sie sich letztlich wünschen.

Toll ist, dass mit jedem Hund-Halter-Team Ihre persönliche Erfahrung wächst – ja, auch wenn das Training mal nicht so erfolgreich war. Hier sollten wir es positiv sehen und uns selbst die Chance geben, aus dem Fall zu lernen.

Ihre Aufgabe: Ad acta war gestern! Schreiben Sie auf, was schiefging, schlafen Sie eine Nacht drüber und überlegen Sie, woran es lag, was sich anders als erwartet entwickelt hat und wie man in Zukunft so eine Situation gestalten kann. Ein besseres Erfahrungstraining für uns Hundetrainer gibt es nicht!

Ihre Aufgabe: Stellen Sie sich ein Zeugnis aus. Nehmen Sie in Gedanken einen Kunden und beurteilen im Nachhinein den Ablauf. Gehen Sie wie folgt vor:

1. Zeichnen Sie eine Tabelle mit fünf Spalten. Die linke Spalte zeigt auf, in welcher Phase der Konsultation Sie sich befinden. Hier kann es nun eine oder mehrere Tätigkeiten geben. Trage dies in die zweite Spalte ein. Zu jeder Tätigkeit notieren Sie die Zeitdauer in der dritten Spalte.

2. Wie zufrieden war Ihr Kunde mit Ihrer jeweiligen Dienstleistung? Um das Ergebnis zu erhalten, können Sie ihn einfach fragen oder Sie tragen Ihre Vermutung ein. Tipp: Fragen ist IMMER besser. Zur Beurteilung gehören folgende Faktoren:

    a. wertschätzende Behandlung

    b. Nutzen

3. Gibt es ein Gefühl der Sicherheit/Klarheit? Wie zufrieden sind Sie selber mit Ihrer Dienstleistung? Tragen Sie eine Note für Ihre Tätigkeitsqualität in die letzte Spalte ein. Verwenden Sie zur Beurteilung folgende Werte:

    1. Hat es mir Spaß gemacht?

    2. Habe ich meinen Zeitplan eingehalten?

    3. Konnte ich mich verständlich machen?

    4. Konnte ich meinen Nutzen daraus ziehen?

4. Zu jeder Schulnote, welche 3 oder schlechter als 3 ist, machen Sie bitte Bemerkungen. Was war der Grund für diese Bewertung? Wie kann ich mich verbessern? Bedenken Sie, wir arbeiten in unserem Traumberuf. Da passt keine Benotung außer 1 und 2 hinein.

Beispiel

Phase der Konsultation	Tätigkeit	Zeitdauer	Note Kunde	Note ich
Erstkontakt	Telefongespräch	15 Min.	3	2
Kennlerngespräch	gemeinsamer Spaziergang	1 Std. 10 Min.	2	5
Training, Coaching, Beratung	1 x Einzeltraining	1,5 Std.	3	2
	5 x Einzeltraining	1 Std.	1	2
Ende des Auftrages	Abschlussgespräch	15 Min.	3	4

Tätigkeit und Note	Grund	Verbesserungsmöglichkeit
Telefon - 3	Ich hatte den Eindruck, der Kunde war nicht von mir überzeugt. Er hat sich zwar mit mir verabredet, blieb aber skeptisch	• Das Ziel, uns beide persönlich kennen zu lernen, ist erreicht. Aber den schalen Nachgeschmack hätte ich verhindert, wenn ich konkret nachgefragt hätte, wie er zu unserer Verabredung steht.
Kennlerngespräch - 5	Ich habe mich völlig verplant: Die Anfahrt zum Treffpunkt hat 15 Minuten gedauert. Somit hatte ich eine reine Fahrtzeit von 30 Minuten. Das habe ich in meiner Kalkulation nicht berücksichtigt. Außerdem habe ich mich nicht nur auf eine Diagnose beschränkt, sondern bin sofort mit dem Kunden in ein Training übergegangen. Hier habe ich mich verzettelt und wollte alle Probleme auf einmal lösen und habe den Kunden völlig überfordert.	• Für den Fall, dass die Kunden nicht zu mir oder ich nicht zu ihnen komme, werde ich mir selber feste Plätze suchen, an denen man sich treffen kann. Dort kenne ich mich dann schon genau aus und ich kenne genau die Zeiten für die An- und Abfahrt. • Ich mache mir den Zweck des Treffens bewusst: Wenn ich

	Zum Glück habe ich alles wieder richten können. Dabei habe ich meine geplante Zeit von 45 Minuten aber weit überschritten.	meine, dass ich der/die Richtige für den Kunden bin, soll das Ziel des Treffens ein nächster Termin sein.
Training 1,5 Std. - 3	Ich habe den Kunden direkt gefragt, wie ihm die Stunde gefallen hat. Er meinte, dass er zwar zufrieden sei, aber dennoch alles ein bisschen viel gewesen sei.	• Wir waren in einer Situation, in der ich unbedingt einige Grundlagen erklären musste. Dies hat meinen zeitlichen Rahmen gesprengt und den Kunden überfordert. Ich werde die nächsten Termine langsamer angehen lassen.
Ende - 4	Der Abschluss war unbefriedigend, weil der Kunde sich offenbar noch eine weitere Begleitung wünschte, ich aber kein Angebot für ihn hatte. Das Problem war in den Einzelstunden gelöst, ich konnte ihm aus dem Stehgreif aber kein Folgeangebot machen. Auch weiß ich nicht genau, wie zufrieden er eigentlich mit mir war.	• Um meinen Kunden Folgeangebote bieten zu können, werde ich selber welche schaffen oder Kooperationen mit anderen Kollegen eingehen. • Um herauszufinden, wie hilfreich mein Training war, werde ich in Zukunft meinen Kunden sofort nach seiner Meinung fragen. • Ebenfalls werde ich (zumindest in diesem Jahr) meine Kunden nach 1,5 Monaten noch mal anrufen und mich nach deren Zufriedenheit erkundigen.

Kapitel 5
Troubleshooting

Im Laufe der Jahre werden Sie im Beruf des Hundetrainers auf immer neue Herausforderungen stoßen. Sie werden tolle Hundehalter und Hunde kennenlernen und sich in diesem Bereich sehr gut austoben können. Zudem werden Sie aber auch auf viele nicht vorhersagbare Dinge stoßen, die Ihr Leben bereichern – auch, wenn Sie das vielleicht im ersten Augenblick gar nicht so wahrnehmen, da es sich für Sie zuerst als ein Problem im Training und im Umgang mit dem Kunden kristallisiert. Wir haben Ihnen hier die klassischen Dinge zusammengefasst, die Ihnen sicher das eine oder andere Mal über den Weg laufen werden. Somit sind Sie gewappnet für das eine oder andere Troubleshooting.

Eine gute Hundeschule und somit ein guter Hundetrainer steht auf drei Säulen. Je besser diese Säulen ausgebaut sind, desto besser können Sie Ihre Dienstleistung für den Hundehalter und seinen Hund aufbauen.

- Die Arbeit mit dem Hund
- Die Arbeit mit dem Menschen
- Die Arbeit mit sich selbst

Bereiten Sie sich nun auch auf Troubleshooting vor. Am besten ist es, wenn Sie in die Schuhe Ihres Kunden schlüpfen und seine Bedürfnisse und Intentionen verstehen.

> *Nicht, dass wir uns missverstehen – wir und viele unserer Kollegen haben sehr viele großartige Hundehalter und Hunde als Kunden, die unser Training prima und erfolgreich umsetzen! In diesem Buch listen wir einige Besonderheiten auf, die Kunden zeigen können. Dies hat manchmal zur Folge, dass man sich als Hundetrainer verunsichern lässt. Damit Sie sich frühzeitig darauf einstellen können und durch deren Brille schauen können, stellen wir hier einige vor. Mit den super tollen Kunden werden Sie sowieso allein gut fertig!*

Damit Menschen bereit sind, ihr Verhalten zu ändern, muss entweder ein Leidensdruck vorhanden sein oder die Arbeit mit dem Hund selbst muss großen Spaß und Freude auslösen. Die Kunden, die großen Spaß an Training mit ihrem Hund haben, sind hochmotiviert, haben sich schon einer Hundeschule oder einem Verein angeschlossen und haben aufgrund der Freude schon viel mit dem Hund erreicht. Daher melden sich aus dieser Fraktion lediglich diejenigen bei uns, die mit einem bestimmten Problem nicht weiterkommen. Die notwendigen Hilfestellungen sind häufig minimal. Die anderen Kunden dagegen, die ein störendes Verhalten bei ihrem Hund feststellen, müssen erst einen Leidensdruck entwickeln, damit sie sich an einen Hundetrainer wenden. Denn: Sich an einen Fachmann zu wenden bedeutet, zeitlichen und finanziellen Aufwand in Kauf zu nehmen und sich auch mit den eigenen Problemen bewusst auseinander zu setzen.

Es gibt verschiedene Geisteshaltungen, Weltansichten und Erziehungsmodelle des Hundehalters, die im Training zu berücksichtigen sind. Viele dieser Geisteshaltungen verhalten sich kontraproduktiv, was die Lösung eines Problems angeht, oder stehen sogar der Hundehaltung generell entgegen.

Beispiele:
1. **Der Hundehalter glaubt, der Hund müsse aus Einsicht auf die Weisungen des Halters reagieren.**

2. **Der Hundehalter glaubt, der Hund muss das einjährige Kind als sozial höher eingestuft akzeptieren, weil es ein Mensch ist.**

> *Ihr Training kann dadurch gehindert werden, dass Ihr Kunde mangelnde Motivation, innere Gegenwehr, Unvermögen oder Machtlosigkeit zeigt. Versuchen Sie, die Ursachen dafür zu finden.*

Was tun, wenn … ?	Gedanken des Halters	Grund / Allgemeine Geisteshaltung	Lösungsansatz
Unerwünschtes Verhalten wird durch den Halter nicht abgebrochen.	Beim Trainieren gilt das „Nein" dem Charakter des Hundes, nicht seiner Handlung.	Moralisierend, belehrend, die eigene Anschauung wird über alles gestellt.	Andere Geisteshaltung aufzeigen: Gedanklichen Fokus auf die Handlungen legen. Den Charakter des Hundes ignorieren. Andere Charaktere anerkennen.
Unerwünschtes Verhalten wird durch den Halter nicht abgebrochen.	„Wie mache ich das jetzt ganz genau?"	Unwissenheit über die genaue Technik.	(Nochmaliges) Erklären der Interventionstechnik. Vormachen, Lerntheorie erklären.
Es wird keine Grenze gesetzt.	„Wenn ich meinem Hund etwas verbiete, werde ich abgelehnt."	Angst vor den Folgen, wie z.B. Liebesentzug durch den Hund.	Erfahren, dass der Hund einen umso mehr achtet, wenn wir Grenzen setzen, und dass wir erst dann wirklich wichtig werden. Tabudecke, Flatterbandtraining.
Es wird keine Grenze gesetzt.	„Wenn ich meinem Hund etwas verbiete, dann leidet er. „Das ist zu schlimm für ihn." „Das hat er nicht verdient." „Er hatte es schon so schwer in seinem Leben."	Angst bzw. Hemmung davor, den Hund seelisch zu verletzen. Rettersyndrom	Reframing oder eine andere Methode für den Halter finden und vorschlagen.
Mangelnde Mitarbeit des Halters	„Warum soll ich das tun? Das will ich doch gar nicht."	Innere Gegenwehr, weil Ziele von Halter und Trainer unterschiedlich sind. Ziel ist für den Halter unattraktiv.	Wiederholung der gemeinsamen Zielfindung. Wiederholung der gemeinsamen Absprache, wie man zu diesem Ziel gelangen wird. Die Wünsche und Vorstellungen des Halters stärker berücksichtigen.

Mangelnde Mitarbeit des Halters.	„Wozu soll das gut sein?"	Hundehalter weiß nicht, was die Übung bezwecken soll; er ist sich im Unklaren welches Ziel oder auf welchem Weg das Ziel erreicht werden soll.	Das gemeinsame Ziel und die Vorgehensweise besser absprechen.
Mangelnde Mitarbeit des Halters.	„Ich muss es ja machen, es macht ja sonst niemand. Nur wenn ich es tue, bekomme ich meine Anerkennung, werde ich angenommen."	Innere Gegenwehr mit dem Gefühl der Aufopferung.	Hilfe bei der Entscheidung, ob nun Verantwortung für den Hund und seine Handlungen übernommen wird oder nicht.
Mangelnde Mitarbeit des Halters. Führt Trainingsschritte nicht so aus, wie erklärt.	„Der arme Hund." „Das mag ich ihm nicht antun. Er hat doch schon so viel mitgemacht. Jetzt hat er sich doch auch mal ein bisschen Vergnügen verdient."	Innere Gegenwehr mit dem Gefühl, den Hund in seinen Rechten einzuschränken, ihm die Freiheit zu nehmen. Trainingsmethode passt angeblich nicht zum Hund. Der Glaube, dass diese Erziehungsmethode nicht bei diesem Hund angewendet werden darf oder sollte. Rettersyndrom	Reframing: Andere Methode finden.
Weigerung / Wegbleiben / Mangelnde Mitarbeit des Halters. Führt Übungsschritte nicht so aus wie beschrieben.	„Ich bin nicht bereit, auf diese Art und Weise zu kommunizieren, weil ich ein ganz anderer Typ bin. Ich empfinde diese Art als lächerlich, für mich nicht angemessen."	Innere Gegenwehr mit dem Gefühl, dass diese Trainingsmethode nicht zu der eigenen Person passt.	Andere Methode finden.
Hört nicht zu. Trainiert nicht. Mangelnde Mitarbeit des Halters.	„Ich habe keine Lust, so viel Energie auf dieses Problem zu verschwenden."	Mangelnde Motivation. Kein nennenswerter Leidensdruck.	Motivation erhöhen.
Mangelnde Mitarbeit des Halters.	„Das klappt ja doch nicht." „Ob das wohl richtig ist?" „Ob das wohl stimmt?"	Zweifel an der Kompetenz des Trainers.	Beweisen.

Mangelnde Reife des Halters.	„Hä? Wie jetzt?"	Mangel an Struktur im eigenen Leben.	Intensive, längere Begleitung.
Übungen während der Einzelstunde nicht umgesetzt.		Stress zu groß?	Stressoren finden und eliminieren.
	„Ich kann das nicht."	Aufgabe zu komplex?	Übungsschritte noch weiter unterteilen. Größere Pausen zwischen den Schritten.
		Kunde kann es körperlich nicht umsetzen.	Individuell.
		Selbstzweifel.	Erfolge sichtbar machen.
Mangelnde Mitarbeit des Halters	„Wann denn?" „Was muss ich denn noch alles machen?" „Andere Dinge sind wichtiger."	Zeitmangel.	Verständnis; Motivation erhöhen, um eine Hierarchieverschie- bung zu erreichen.

Frustration beim Training: Unser Kunde arbeitet nicht richtig mit

Hier die Kurzfassung, wie Sie aus einer frustrierten Grundhaltung zu einem wirklichen Helfer für Ihren Hundehalter werden können: Beate ist Hundetrainerin und gibt eine Stunde. Herr Schrader kommt mit seinem jungen Irish Setter und im nächsten Moment entdeckt Beate, dass Herr Schrader kein bisschen zu Hause geübt hat. Da es sich um eine Gruppenstunde handelt, hält es auch noch die ganze Gruppe auf. Beate ist frustriert und genervt. Am Ende der Stunde sucht sie das Gespräch und stellt Herrn Schrader zur Rede.

Auf den Kopf zu sagt sie ihm: „Sie haben ihre Hausaufgaben nicht gemacht!" und dabei fühlt sie sich im Recht. Er antwortet: „Doch! Natürlich habe ich die gemacht. Warum es heute nicht geklappt hat, weiß ich auch nicht. Vielleicht hat er eine läufige Hündin in der Nase." Beate wird noch ärgerlicher, weil der Herr jetzt auch noch abstreitet, zu faul zum Üben gewesen zu sein.

Aus einer anderen Perspektive betrachtet, kann nicht nur alles ganz anders aussehen, sondern Beate wird auch anders handeln können. Weshalb Beate wirklich wütend ist, wissen wir bereits: Herr Schrader hat sie um ihren Erfolg und ihre Anerkennung gebracht.

Außerdem hat er die Gruppe aufgehalten. Was sich im Kopf von Beate jetzt alles entwickelt, kann eine explosive Mischung werden. Vielleicht glaubt sie, dass die anderen Teilnehmer unzufrieden sind und ihr daran die Schuld geben. Vielleicht werden die Teilnehmer schlecht über sie sprechen und, und, und. Kein Wunder, dass Beate sauer ist.

Um diese Situation aber umzuwandeln, bedarf es anderer *Gedanken*. Beginnen wir zunächst mit dem Gedanken, dass Herr Schrader faul sei. Faul zu sein ist in unserer Gesellschaft eine schlechte Eigenschaft. Somit setzt sich Beate selbst ins rechte Licht und Herr Schrader ist der Schuldige. Sie behandelt ihn so, wie eine Mutter ein unartiges Kind behandeln könnte. Auf den Vorwurf reagiert er dementsprechend.

Zunächst lügt er vielleicht und sucht dann nach einer anderen logischen Erklärung, in der Hoffnung, damit durchzukommen. Hier hat die Kommunikation ihr Ende gefunden und Beate kommt keinen Schritt weiter.

Die Lösung: Anstatt sich in Hellseherei zu üben, könnte Beate ihren Kunden nur ihre Beobachtung mitteilen. Sie spricht aus, was ihr aufgefallen ist. Sie gibt keine Interpretation, macht keine Vorwürfe.

z. B.: *„Herr Schrader, ich habe bemerkt, dass es heute nicht so gut geklappt hat."* Als nächstes folgen eine Interpretation und die Frage, ob sie damit recht hat.

z. B.: *„Ich vermute, Sie konnten in der Zwischenzeit nicht richtig üben. Ist das richtig?"*

Hiermit hat sie ihre Vermutung ausgedrückt und gibt ihm Gelegenheit, darauf etwas zu erwidern. Da in ihrer Vermutung aber kein Vorwurf enthalten war, braucht Herr Schrader sich auch nicht zu rechtfertigen. Er kann die „Wahrheit" sagen, weil er das Gefühl hat, dafür nicht getadelt zu werden. Viel eher wird er also bereit sein wie folgt zu antworten:

„Ja, da haben Sie Recht. Ich habe im Betrieb wirklich viel zu tun. Und dann ist auch noch meine Frau an Grippe erkrankt. Im Moment ist es wirklich zeitlich etwas eng und unsere Übungen mussten darunter leiden."

Jetzt ist die Möglichkeit gegeben, wirkliche Unterstützung zu bieten und gleichzeitig die negativen Auswirkungen anzugehen.

z. B.: *„Herr Schrader, das kann ich mir wirklich anstrengend vorstellen. Wie gehen wir denn mit der Sache um? Also ich habe das Problem, dass ich in der Gruppenstunde leider nicht so auf Sie Rücksicht nehmen kann, weil ich sonst Sorge habe, dass die anderen Teilnehmer unzufrieden werden. Auf der anderen Seite möchte ich Ihnen gerne weiterhelfen. Fällt Ihnen etwas ein, wie wir damit umgehen sollten? ... Ansonsten mache ich Ihnen gerne einen Vorschlag. Wie wäre es, wenn wir zwei Mal die Woche für eine halbe Stunde zusammen üben? Das würde für Sie zwar zusätzliche Kosten bedeuten, Ihr Training wird aber wesentlich effektiver. Dadurch, dass Sie einen festen Termin haben, fällt es Ihnen vielleicht leichter, die Zeit zu finden."*

Wie auch immer die Lösung aussehen mag, die Beate und Herr Schrader finden, beruht sie darauf, dass Beate annimmt, Herr Schrader werde schon einen guten Grund gehabt haben. Und wenn kein guter Grund vorlag, wird es eben eine mangelnde Motivation (denn genau das ist Faulheit) gewesen sein. Sie vermeidet Vorwürfe und kann mit dem Kunden gemeinsam eine Lösung finden.

Wer ist unser Kunde?

Es ist sehr vorteilhaft zu wissen, mit wem genau wir unseren Vertrag schließen. Wer ist unser Gegenüber eigentlich? Neben den wichtigsten Daten wie Name und Anschrift sollten wir auch Informationen über das Sozialgefüge haben, in dem der Halter und der dazugehörige Hund leben. Lebt der Mensch allein, in einer Familie (wer gehört noch dazu?) oder in einer Partnerschaft? Häufig kommen Pärchen zu uns und möchten uns einen Auftrag erteilen. Hier ist es besonders wichtig, darauf zu achten, wer eigentlich der Auftraggeber ist. Automatisch glauben wir, dass beide dasselbe wollen, die gleichen Ziele haben und diese Ziele auch auf die gleiche Art und Weise erreichen möchten. Nach unserer Erfahrung ist dem aber in nur maximal 40 % der Fälle so. Die restlichen 60 % setzen sich aus den verschiedensten Konstruktionen zusammen.

Pärchentyp I – Die, die an einem Strang ziehen

Diese Kunden entsprechen der Wunschvorstellung eines Hundetrainers. Sie haben dasselbe Ziel, wollen sich ähnlich stark einbringen oder haben ihre Aufgaben bereits aufgeteilt und jeder weiß, wo sein Aufgabengebiet liegt. Sie haben ein ähnliches Werte- und Erziehungsmodell und liegen mit dem Training auf einer Wellenlänge. Hier ist der weitere Behandlungsweg für beide Partner gleich oder fast gleich.

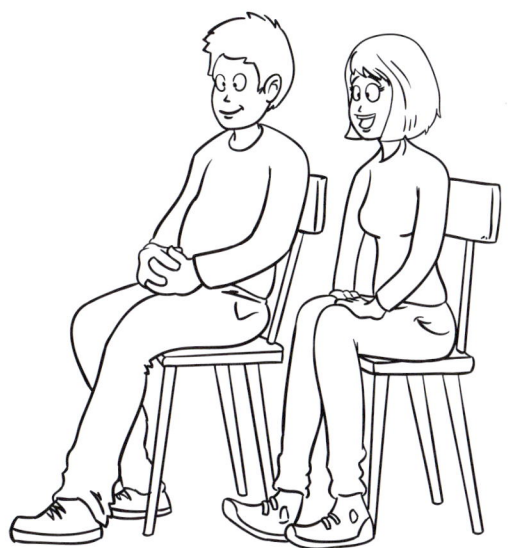

> In diesem Fall können beide Hundehalter als ein Auftraggeber gesehen werden.

Pärchentyp II – Mars und Venus

Mars und Venus als Archetypen für ein männliches und ein weibliches Erziehungs- und Lebensmodell stellen sehr gut den zweiten Pärchentyp dar – natürlich immer mit individuellen Abweichungen!

Als männliche Attribute zählen hier: Ein eher pragmatischeres Vorgehen, eventuell höhere Konfliktbereitschaft, konsequentere Umsetzung, Toben und Zocken werden einem Tricktraining vorgezogen und andere.

Weibliche Attribute sind: Hohe emotionale Nähe, Wunsch nach Harmonie, sanfte Art im Umgang, größeres Verständnis für den Hund, oft höherer Leidensdruck, der ausgehalten wird usw.

Diese unterschiedliche Art und Weise, mit einem Hund umzugehen, ist mit einem ebenso unterschiedlichen Grund verbunden, überhaupt einen Hund zu haben. Das, was der Hund für den Einzelnen bedeutet, kann also völlig unterschiedlich sein. Hier werden zwei Aufgaben an uns gestellt: Zum einen müssen wir einen Behandlungsweg für jeden einzelnen Partner entwickeln und zum anderen sollte es uns gelingen, die beiden unterschiedlichen Stile zu kombinieren.

Hier ist unbedingt zu beachten: Der männliche Weg wird nicht unbedingt nur von Männern und der weibliche Weg nicht ausschließlich von Frauen gegangen. Diese Rollen können genauso gut variieren. Ebenfalls können auch gleichgeschlechtliche Paare einen derart unterschiedlichen Umgang mit dem Hund zeigen.

Mars und Venus sind hier nur Synonyme für einen unterschiedlichen bis gegensätzlichen Erziehungsstil. Aus diesem Grund ist es meistens auch unvorteilhaft, dem Kunden gegenüber einen unterschiedlichen Stil im Umgang als männlich oder weiblich zu benennen. Das kommt oft nicht gut an. Wir empfehlen, einfach nur von einem **unterschiedlichen Stil** zu sprechen.

Diese Konstellation ist die, die am häufigsten auftritt. Hier gilt es zu klären, ob wir nur einen Auftraggeber haben oder zwei verschiedene.

Auf die Frage an eine Kundin, ob wir zusammen trainieren wollen, sagt sie: „Das muss ich erst mit meinem Mann besprechen." Das ist eine ganz andere Aussage als: „Da muss ich erst meinen Mann fragen." Mit der zweiten Aussage haben wir einen Hinweis darauf, dass SIE ein Problem hat, es aber nur gelöst wird, wenn ER sein Einverständnis gibt. Leider kommt es immer noch vor, dass dieses alte Rollenmodell in Beziehungen Anwendung findet. Da ER das Geld verdient, darf ER auch bestimmen, wofür es ausgegeben wird. Und wenn ER in dem Training keinen Sinn sieht (ER hat vielleicht kein Problem mit dem Hund – ER ist allerdings auch nicht den ganzen Tag mit dem Hund zusammen) sehen WIR als Hundetrainer es oft als unsere Aufgabe an, ihn zu überzeugen. Natürlich kann auch hier der Mann die Rolle des Abhängigen einnehmen.

Ihre Aufgabe liegt jedoch nicht darin, sich (unaufgefordert) in ein Familienkonstrukt einzumischen und mit der Partnerin womöglich eine Allianz zu bilden. Hier können Sie also meist nur Ansprechpartner sein und bitten abzuklären, ob nach Ihrem Gespräch nun ein Auftrag entsteht. Das sollte immer klar kommuniziert werden, damit alle Parteien auf einem Nenner sind.

Familie und Freunde

Ein weiteres spannendes Arbeitsfeld ist für uns ein Training mit eigenen Familienangehörigen und Freunden. Meist ist hier ein gutes Training nicht möglich, da wir emotional zu tief mit dem Fall und dem Auftraggeber verbunden sind. Je nachdem, in welcher Rolle wir selbst sind, können wir diese nicht einfach wechseln. Wenn Sie zum Beispiel die Tochter sind, können

Sie Ihrer Mutter nicht begreiflich machen, wie sie es schafft, dass ihr Hund nicht dauernd bettelt. Trotz aller fachlicher Kompetenz sieht sie Sie meist nicht in der Rolle eines professionellen Trainers, sondern als ihre Tochter an. Die Bindung ist zu emotional und Sie waren schon immer ihre kleine Tochter. Wie oft stellen Sie vielleicht fest, dass Sie sich den Mund fusselig reden können und Eltern dennoch nicht auf ihre Kinder hören?

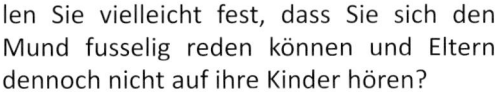

Würde aber die Nachbarin mit den beiden Pudeln einen Tipp über den Gartenzaun rufen, wüsste Sie wahrscheinlich, dass sie da auf jeden Fall drüber nachdenken würde. Ihren Trainingstipp hingegen würde sie belächeln und es höchstwahrscheinlich anders machen.

In einen ähnlichen Rollenkonflikt kommen wir, wenn uns Freunde fragen, was sie mit ihrem Hund machen sollen. Freunde stehen auch in einem anderen Verhältnis zueinander als ein Trainer zu seinem Kunden. Folglich fehlen an dieser Stelle Professionalität und Ernsthaftigkeit. Auch findet so etwas meistens in einem uns bereits bekannten – aber anders konditionierten – Kontext statt. Ähnlich wie bei Hunden, die Hundeschulen nur aus Spielgruppen kennen und danach in einen Erziehungskurs kommen. Sie kommen mit der Situation nicht klar, dass sie plötzlich nicht mehr spielen dürfen, sondern nun angeleint trainieren müssen. So fühlen wir (Hundetrainer und seine Freunde) uns auch, wenn wir statt lustiger Grillabende nun plötzlich aufzählen müssen, was sich im Alltag der Familie ändern muss, damit sie glücklich zusammenleben kann. Dieser Rollenkonflikt ist nicht immer gut, weder für den Hundetrainer noch für den Bekannten.

Wie löst man das?

Eine Möglichkeit wäre, Familie und Freunde konsequent gar nicht zu trainieren und sie an einen guten Kollegen zu verweisen.

Möchte man dennoch beraten und trainieren, sollten folgende Tipps beachtet werden:

- Möglichst an einem neutralen Ort treffen oder – sofern vorhanden – in den realen Praxisräumen.

- Ein Datum und ein festes Zeitfenster ausmachen, sodass ein professioneller Charakter von Anfang an suggeriert wird.

- Besprechen, wie die Bezahlung abläuft. Es sollte ein Gegenwert stattfinden, ansonsten gelangt man bei Freunden sehr schnell dahin, dass der Hundehalter-Freund nur oberflächliche Tipps wahrnimmt, aber damit weniger wertschätzend umgeht. Gleichzeitig gehen auch wir professioneller mit der Situation um und haben einen Anker in unserem Rollenkonflikt.

Umgang mit Einwänden

Während Ihres Infogespräches wird es möglicherweise zu Einwänden des potenziellen Kunden kommen. Einwände sind immer auch Zweifel an der Wirksamkeit unserer Dienstleistung. Es gibt zwar Zweifel, die sich auf die Kompetenz des Hundehalters beziehen:

- „Habe ich genügend Zeit dafür?"
- „Kann ich mir das leisten?" oder
- „Ob ich das wohl hinbekomme?"

Die meisten Einwände werden sich aber wohl auf

- Ihre fachliche Eignung
- die Frage, ob man überhaupt etwas tun kann und
- die Kosten

beziehen. Das sind alles Einwände, die mit Ihnen und Ihrer Leistung zu tun haben. Jetzt könnte es sein, dass Sie durch eine solche Frage Ihre Kompetenz angezweifelt sehen. Um zu verhindern, dass unsere Reaktion darauf kindisch oder patzig ausfällt, sollten wir uns auf solche Fragen und Bemerkungen *vorbereiten*. Wie genau geht man also mit solchen Einwänden um?

Lösung

Zunächst ist es wichtig, den Einwand nicht als Angriff gegen sich selbst zu sehen. Vielmehr sollten Sie dem Hundehalter das Recht zusprechen, genau zu überlegen und zu überprüfen, ob Sie der Richtige für ihn sind. Wenn Sie der Meinung sind, dass der Hundehalter und der Hund Sie sehr gut gebrauchen können, sollten Sie das Ihrem Kunden auch mitteilen. Nehmen Sie seine Bedenken ernst und wahr. Gehen Sie darauf ein und punkten mit sachlichen Argumenten.

Ein wertschätzender Gesprächsstil dem Hundehalter gegenüber könnte so aussehen: Zunächst wird sein Einwand als Frage interpretiert.

Hundehalter: *„Das ist mir zu teuer!"*

Frage des Hundetrainers: *„Sie möchten dafür nicht so viel Geld ausgeben und suchen einen Weg, wie solch ein Training zu finanzieren ist?"*

Durch diese Umformulierung des Einwandes werden Sie sich nicht angegriffen fühlen (es ist nicht Ihre Schuld, dass ihm jetzt nicht so viel Geld zur Verfügung steht) und weiterhin wird ein kreativer Prozess in

Gang gesetzt, der sowohl Sie als auch den Halter animiert, eine Lösung zu finden.

Das Gespräch könnte folgendermaßen weiter verlaufen:

Hundehalter: *„Ja, ich mache mir Sorgen, dass das ein Fass ohne Boden wird. Sie können mir ja auch nicht garantieren, dass wir das Problem nach zehn Stunden gelöst haben. Nachher reiht sich eine Stunde an die andere und ich gebe ein Vermögen aus."*

Hundetrainer: *„Oh ja, da könnte man eine Menge Geld ausgeben. Damit das aber nicht passiert, würden wir da sehr professionell vorgehen: Zunächst einmal sollen sie ja kein Paket von mehreren Stunden kaufen. Von Stunde zu Stunde werden wir den Fortschritt betrachten und uns zu jeder weiteren Stunde wieder neu verabreden. Es findet also nach jeder Stunde eine Bewertung der Effektivität unserer Zusammenarbeit statt. Mein Vorschlag ist: Wir beginnen mit dem Training. Das wird sofort einen positiven Effekt auf das Problem haben. Sie beurteilen dann von Woche zu Woche, ob es etwas bringt, mit dem Training weiterzumachen. Nimmt ihnen das ihre Sorge?"*

Auf diese Art und Weise können die meisten Einwände behoben werden. Sollte für einen Einwand keine Lösung gefunden werden, ist das ein ernst zu nehmender Grund, eventuell nicht zusammen zu arbeiten.

Verdeckte Aufträge/ Intentionen

Verdeckte Aufträge/Intentionen sind solche, bei denen der Kunde vorgeblich mit dem Wunsch, ein bestimmtes Problem zu lösen kommt, aber unausgesprochen ein ganz anderes Ziel verfolgt.

Ein Beispiel könnte sein: Ein Kunde kommt zu Ihnen und sagt, sein Hund sei hyperaktiv. Es scheint zuerst so, als solle die Hyperaktivität behandelt werden. In Wahrheit möchte der Kunde aber von Ihnen hören, dass es besser wäre, den Hund abzugeben.

Meistens wird dies vom Kunden nicht mit einer bösartigen Absicht geplant. Häufig laufen solche Prozesse unbewusst ab. Diese Aufträge sind in dieser Form abzulehnen. Sie führen zu keinem befriedigenden Ergebnis. In den meisten Fällen werden sie auch unseren Prinzipien und unseren Werten widersprechen.

Verantwortung abschieben

Einige Hundehalter sind in einer für sie sehr angespannten Situation. Nicht nur das Problem „Hund" nagt an ihrer Kraft, oft müssen auch noch andere Baustellen bearbeitet werden. Hier ein Beispiel für den Versuch, die Verantwortung abzuschieben:

Frau Kelbsch, alleinstehend, hatte einen sechsjährigen Mischlingsrüden „Tiger", war seit drei Jahren arbeitssuchend und wohnte in einer netten Wohnung im Erdgeschoss. Nach langer Suche fand sie wieder eine

Arbeitsstelle. Jedoch wurde es nicht die Halbtagsstelle, die sie sich gewünscht hatte.

Der Arbeitgeber bot nur eine Vollzeitstelle an. Wer sollte sich jetzt um Tiger kümmern? Die neue Arbeitsstelle bedeutete, dass sie mindestens neun Stunden am Tag unterwegs sein würde. In aller Eile traf sie eine Absprache mit einer Nachbarin, die sich in der Zwischenzeit um Tiger kümmern sollte. Tiger war es nämlich von früher gewohnt, länger allein zu bleiben. Damals hatte es ihn nie gestört.

Bereits am vierten Tag nach Antritt der neuen Arbeitsstelle erhielt Frau Kelbsch einen Brief von ihrem Vermieter. Dieser teilte ihr mit, dass die anderen Mieter sich über das dauerhafte Bellen ihres Hundes beschwert hätten.

Er gab ihr eine Frist von einer Woche, das Bellen abzustellen, ansonsten würde er rechtliche Schritte einleiten. Frau Kelbsch kam noch am selben Tag zu uns in die Praxis.

Sie erhielt von uns die „Mitteilung der vorläufigen Diagnose": Eine trennungsbedingte Störung mit hohem Anteil einer Isolationspanik. – Bei der Behandlung ist unbedingt darauf zu achten, dass der Hund erst wieder allein gelassen wird, wenn er gelernt hat, wieder alleine zu bleiben. Hierbei gab es nun verständlicherweise einige Umsetzungsschwierigkeiten. Sicherlich kann man diese lösen, das ist aber mit Aufwand und oftmals erhöhten finanziellen Mitteln (z. B. für einen Hundesitter) verbunden.

Dies ist jetzt kein außergewöhnlicher Fall. Außergewöhnlich waren die beharrlichen Fragen von Frau Kelbsch: „Sie bekommen das doch hin?", „Kann ich mich auf Ihre Professionalität verlassen? Sie können doch so ein Problem lösen?" oder „In Ihrem Beruf verstehen sie doch bestimmt, wie Tiger mir ans Herz gewachsen ist. Sie werden doch eine Lösung finden?". Und zu guter Letzt: „Wenn Sie das nicht innerhalb einer Woche hinbekommen, muss ich meinen Schatz ins TIERHEIM geben!"

Als großer Fan guter und geschickter Gesprächsführung waren wir völlig begeistert. Erst unterstellte sie uns mit schmeichelnden Worten eine hohe Professionalität und ein großes Herz für Hunde (das hören wir doch alle gerne), dann ging sie dazu über, dass NUR wir ihr helfen können, um uns zu guter Letzt zu offenbaren, dass wir schuld seien, wenn Tiger ins Tierheim müsse. Das war eine perfekte Argumentationskette. Obwohl wir diese Ketten kennen, hat es gewirkt. Hätten wir der Kundin in irgendeiner Weise suggeriert, dass wir uns dessen annehmen, hätte sie vollends ihre Verantwortung abgegeben und sich zurückgelehnt, da aus ihrer Sicht jetzt jemand anderes für das Problem verantwortlich wäre.

Das Abschieben von Verantwortung ist eine beliebte „Spielart" von verdeckten Aufträgen/Intentionen.

Emotionale Erpressung

Manipulative Strategien, die bei Nichterfüllung von Forderungen Schuldgefühle erzeugen, fallen unter emotionale Erpressung. Meistens kommt es erst im Verlauf eines Trainings zu einer emotionalen Erpressung. Es gibt Menschen, die (scheinbar gezielt) nach wunden Punkten bei anderen Menschen suchen. Hierbei versuchen sie, die Gefühle der Person (meist subtil) zu manipulieren. Sätze wie „Wenn Du es nicht machst, mach ich es eben selbst." oder „Ich habe mich so gefreut, aber wenn es nicht geht, dann eben nicht", haben wir alle schon einmal gehört. Während des Trainings werden wir durch solche Äußerungen manipuliert und unter Druck gesetzt. Davon dürfen Sie sich allerdings nichts annehmen und müssen sich dem entziehen, damit Sie stressfrei weiterarbeiten können.

Entscheidung für eine Abgabe oder Euthanasie abschieben

Natürlich ist auch dies eine Art, die Verantwortung abzuschieben. Allerdings sollten wir hier neben der Weigerung, die Verantwortung zu übernehmen, immer mit einem Angebot der Unterstützung reagieren. Das bedeutet, wir zeigen Möglichkeiten auf, die Entscheidung bleibt aber beim Kunden. Wir können jedoch unsere Kunden auf diesem Weg begleiten und mit Wissen und Kontakten unterstützen. So kann bei einer Abgabe eines Hundes unsere Hilfe dazu beitragen, diesen Vorgang verantwortungsvoll und zum Wohle aller ablaufen zu lassen.

Hundetrainer als Verbündeten zu einer Allianz gegen Familienmitglieder gewinnen

„Und dann können sie meinem Mann auch gleich mal erklären, dass man das SO nicht machen darf." Solche oder ähnliche Sätze können der Auftakt eines Versuches sein, uns auf eine Seite zu ziehen. Womöglich sagt sie es auch noch, wenn ihr Mann direkt danebensteht und den Hinweis genau hören kann.

Es ist egal, ob wir es mit einem Mars/Venus-Pärchen zu tun haben oder ob (in diesem Fall) nur sie unsere Kundin ist. Es ist *nicht* Ihre Aufgabe, auf diese Forderung einzugehen. Es ist höchstens Ihre Aufgabe, der Kundin das Wissen zu vermitteln, wie sie es ihrem Mann selber sagen kann.

Lassen Sie sich niemals auf eine Seite ziehen. Bleiben Sie immer objektiv und neutral.

Halter will den sekundären Nutzen bestehen lassen

Unter einem sekundären Nutzen versteht man im Hundetraining, dass ein Problemverhalten eines Hundes einen (meist versteckten) Nutzen für den Halter birgt. So kann es sein, dass der Halter durch das Verhalten seines Hundes Aufmerksamkeit bekommt. Prozentual häufiger liegt der Nutzen für die meisten Menschen wohl eher darin, dass sie eine Aufgabe bekommen. Dadurch fühlen sie sich oft gebraucht und wohler.

Manche Menschen haben gelernt, dass sie nur Anerkennung erhalten, wenn sie sich unablässig bemühen und kümmern. Viele Maßnahmen werden hier ins Leere laufen, weil der Hundehalter Erfolge untergraben und verhindern wird. Leider kommt

dieses Phänomen gar nicht so selten vor. Allerdings finden nur wenige von diesen Haltern von selbst zu einem Hundetrainer. Wenn aber doch, dann werden sie Ihnen beweisen wollen, weshalb ihnen bei ihrem Problem nicht zu helfen ist.

In leichteren Fällen können Sie vor allem mit Managementmaßnahmen eine Eskalation verhindern. In intensiveren Fällen sollten wir den Auftrag nicht annehmen. Sollte der Hund darunter leiden oder die Umwelt gefährdet sein, sind Sie verpflichtet, den Halter darauf hinzuweisen und Maßnahmen zu fordern. Sollte er darauf nicht oder nur ungenügend reagieren, sollten wir rechtliche Schritte in Betracht ziehen. Von selbst oder durch göttliche Eingebung wird sich die Wahrnehmung des Halters wahrscheinlich nicht ändern.

Unmögliche Aufträge

Wir können auch in Situationen geraten, in denen der Halter direkt oder indirekt einen unmöglichen Auftrag vergeben möchte. Diese sind entweder moralisch oder gesetzlich verwerflich oder sie sind in sich tatsächlich paradox.

1. *ethisch oder gesetzlich unannehmbare Aufträge*
2. *paradoxe Aufträge – Drive-in-Syndrom*

Ethisch oder gesetzlich unannehmbare Aufträge

Hier eine kleine Auflistung von Wünschen unserer Kunden:

Herr Bruns und das Kaninchenfleisch

Herr Bruns lebte zurückgezogen als Einsiedler mit seiner Deutsch-Langhaar-Hündin in einem Wochenendgebiet. Die kaninchenreiche Waldgegend brachte ihn auf die Idee, seinen Hund auf Kaninchen abzurichten und somit regelmäßig seine Speisekar-

te mit Kaninchenfleisch zu bereichern. Sein Problem war nun, dass der Hund zwar die Kaninchen verfolgte und auch fing, aber nicht zu ihm brachte. Klar, dass wir hier nicht weiterhelfen konnten. Der Hundehalter verstieß gegen das Tierschutzgesetz, weil man einen Hund nicht auf ein anderes Tier hetzen darf. Andererseits beging er Wilddieberei und verstieß gegen die Gesetze der waidmännischen Jagd (Bundesjagdgesetz).

Frau Bartsch und die Probleme mit dem Abruf

Tinka lebte als selbstsichere Rottweiler-Hündin bei Familie Bartsch. Leider hatte sie die schlechte Angewohnheit, auf Spaziergängen in Freilauf „wie aus dem Nichts" auf andere Hündinnen loszustürzen und mit ihnen in einen aggressiven Konflikt zu gehen. Sie reagierte auch so, wenn diese Hündinnen noch weit entfernt waren. Die Halterin erkannte richtig, dass ein sicherer Rückruf das Problem stark eindämmen konnte, wollte dazu aber unbedingt (aus zeitlichen Gründen und weil Tinka „nun mal eine harte Nuss sei") ein sogenanntes Teletakt-Gerät anwenden. Wir sollten nun im Einzeltraining dieses ferngesteuerte Stromimpulsgerät benutzen.

Selbstverständlich lehnten wir diesen Vorschlag ab. Frau Bartsch erklärte zwar, dass Tinka dies nichts ausmachte, sie habe es schließlich schon ausprobiert und sie habe auch keinen Schaden behalten. Das war aber kein Punkt, den es abzuwägen galt: Die Nutzung solcher Geräte ist zum jetzigen Zeitunkt in Deutschland verboten. Es geht nicht um eine Einzelfallentscheidung, sondern darum, dass wir grundsätzlich und niemals ein ungesetzliches Hilfsmittel anwenden werden. Gerade hier gilt es, dass Sie Ihre Werte und Prinzipien genau kennen und sich streng danach richten.

Hund soll eingeschläfert werden

Einer der schrecklichsten Aufträge verlief folgendermaßen: Eine junge Frau rief an und war kaum zu verstehen. Unter Tränen berichtete sie, dass ihr Hund eingeschläfert werden solle, der Tierarzt dies aber nicht tun wolle. Das Ganze habe damit zu tun, dass der Hund ihren Stiefvater gebissen habe. Da kaum etwas zu verstehen war und sie scheinbar auch nicht die Halterin des Hundes war, bat ich sie, einfach vorbeizukommen. Anderthalb Stunden später war die junge Frau mit ihrer Mutter und einem circa 18 Monate alten Golden Retriever bei uns. Nach einiger Zeit fanden wir heraus, dass die Anruferin die 19-jährige Tochter der Familie war. Der Hund war für sie und ihren jüngeren Bruder angeschafft worden. Die Mutter allerdings wollte nie einen Hund und hat sich zu dem Kauf des Hundes überreden lassen. Nun hatte die Tochter eine Ausbildungsstelle bekommen, musste deswegen ausziehen und wohnte in der Woche circa hundert Kilometer weit entfernt. Sie fühlte sich weiterhin für den Hund verantwortlich, obwohl er bei der Mutter und deren Partner lebte.

Nun ereignete sich folgender Vorfall: Während eines Grillfestes bei den Hundehaltern zu Hause kam es dazu, dass der Hund den Partner der Mutter in den Unterarm biss. Was genau geschah, war auf die Schnelle nicht nachzuvollziehen. Auf jeden Fall brachte die Hundehalterin den Hund daraufhin zur Tierärztin, damit sie den Hund einschläfere, weil er gefährlich sei. Diese jedoch konnte keine Verhaltensauffälligkeiten erkennen, die eine Euthanasie rechtfertigten. Sie empfahl der Frau, uns aufzusuchen. Wenn wir ihr schriftlich einen Nachweis der Gefährlichkeit gäben, würde sie den Hund einschläfern. Da der Hund weder vorher in der Familie noch bei uns in der Praxis zu irgendeiner Aggressionsäußerung bereit war, konnten wir nur anbieten, eine ausführliche Diagnose zu erstellen. Dazu würde dann auch noch eine tierärztliche Untersuchung mit Blutbild gehören.

Vom Typ war es ein normaler, etwas unerzogener, aber sehr sanftmütiger und verspielter Hund. Die geforderte Diagnose konnten wir ihr nicht bescheinigen. Daraufhin folgte ein Wutausbruch der Halterin, der darin mündete, erst mal eine Zigarette zu rauchen. In der Zwischenzeit berichtete mir die Tochter, dass es auch schon zu einem heftigen Streit zwischen der Tierärztin und der Mutter gekommen sei. Die Mutter habe der Tierärztin gesagt, wenn sie den Hund nicht einschläfere, gehe sie eben zum nächsten Tierarzt. Woraufhin die Tierärztin ihr sagte, dass sie sich erkundigen werde. Und würde sie erfahren, dass sie den Hund tatsächlich ohne Diagnose eingeschläfert hätte, würde sie sie anzeigen. Dies wiederum brachte die Mutter so in Rage, dass sie die Tierarztpraxis wutschnaubend verließ und nun die Tochter beschuldigte, dass alles ihre Schuld sei. Sie müsse nun mit einem gefährlichen Hund leben und sei sich ihres Lebens nicht mehr sicher. Das was also der Grund für die Zerrissenheit der Tochter, die den Hund sehr liebte!

Letztendlich fanden wir heraus, in welchem gedanklichen Wirrwarr die Mutter steckte: Sie wollte den Hund nicht. Die Tochter, die sich um ihn kümmerte, war weggezogen. Der Hund störte und hatte nun auch noch ihren Lebensgefährten verletzt. Dieser wollte den Hund auch nicht. Auf der anderen Seite hatte sie den festen Glaubenssatz, dass man einen Hund nicht wieder weggeben dürfe, wenn man ihn sich einmal angeschafft hatte. Dieser Glaubenssatz saß so tief, dass sie unbewusst nach einem Weg suchte, sich des Hundes zu entledigen. Der gedankliche Teufelskreis war also, dass sie den Hund nicht weggeben dürfe, weil man das nicht tun darf. Wenn er aber gefährlich ist, muss er eingeschläfert werden, denn sonst würde er zur Gefahr für den nächsten Halter werden. Das durfte sie ja auch nicht zulassen. Wenn er aber nicht gefährlich war, musste sie ihn behalten. Somit war ausgeschlossen, dass sie den Hund einfach abgeben konnte. Er musste laut ihrer Gedanken eingeschläfert werden. Die nächsten Wochen waren sehr schwer. Jeder versuchte eine Lösung zu finden. Jedoch war die Halterin so in ihren Gedanken gefangen, dass sie weitersuchte, bis der Hund eingeschläfert wurde.

Das Drive-in-Syndrom

Viele Hundehalter wünschen sich eine schnelle Lösung – oft für Probleme, die schon seit Jahren bestehen und wenig Beachtung durch Training erfuhren. Wenn sie aber beim Hundetrainer sind, muss es ganz schnell gehen. Das klappt leider nicht. Diesen Zahn müssen wir dem Kunden ziehen. Man spricht hier von dem Drive-in-Syndrom. Mal eben schnell zum Hundetrainer reinspringen und schon in die Lösung da… leider nein.

Typische Probleme in der Verhaltensberatung, deren Ursprung im Auftrag liegt

Wenn wir einzelnen Schritten nicht genügend Aufmerksamkeit widmen oder sie gar übergehen, führt dies zu Problemen und Unzufriedenheit – sowohl auf der Seite des Kunden als auch auf unserer.

Hier einige typische Problemsituationen aus dem Hundetrainer-Alltag:

- wenn wir uns darüber ärgern, wie der Kunde sich verhält oder wie er mit seinem Hund trainiert,
- wenn der Kunde auf einmal ohne Begründung wegbleibt,
- wenn der Kunde unzufrieden mit uns ist,
- wenn der Kunde seine Hausaufgaben nicht macht,
- wenn der Kunde uns nicht weiterempfiehlt,

… dann gehen Sie folgende Checkliste durch:

	Stimmt nicht	Stimmt
Ich weiß genau, weshalb der Hund das Verhalten zeigt.		
Ich weiß genau, was sich der Kunde von mir wünscht.		
Ich bin bereit, dem Kunden genau das zu geben, was er sich wünscht.		
Ich weiß genau, welche Erwartungshaltung der Kunde an mich hat.		

Ich weiß genau, dass der Kunde das Problem und die Kausalfaktoren verstanden hat.	
Ich weiß genau, dass der Kunde den Lösungsweg verstanden hat.	
Ich weiß genau, dass der Kunde mit dem Lösungsweg einverstanden ist UND ihn gut findet.	
Ich weiß, dass der Kunde mir wirklich den Auftrag gegeben hat, den ich ausführe.	

Sollten nicht alle Kreuze auf der rechten Seite bei „stimmt" gemacht worden sein, haben Sie eine Unstimmigkeit in Ihrem Auftrag und wahrscheinlich die Ursache für Ihre Unzufriedenheit gefunden.

Umgang mit Vorannahmen/ Vorurteilen

Der Sinn des Lernens ist die Anpassung an sich verändernde Lebensumstände. Diese Lernfähigkeit lässt uns gemachte Erfahrungen abspeichern und auf neue Situationen anwenden. Hauptsächlich dürften hier klassische und instrumentelle Konditionierungen greifen. Unsere Fähigkeit zur Abstraktion lässt uns das Gelernte auch in anderen Kontexten anwenden.

Ein in den Medien oft verurteilter Rassetypus eines Hundes (z. B. Staffordshire-Typus oder Rottweiler) löst somit unweigerlich eine (negative) Reaktion im Menschen aus, wenn der einen solchen Hund auf der Straße sieht.

Aufgrund der klassischen Konditionierung wird zunächst unser Gefühl reagieren. Das limbische System unseres Gehirns nimmt die Wahrnehmung der Augen auf und reagiert mit einer Stressreaktion. Nun erst beginnt unser Gehirn für dieses Gefühl eine Erklärung zu suchen. Der Gedanke folgt also dem Gefühl. Was bei diesem Gedanken aber herauskommt, hängt wiederum von verschiedenen Faktoren unserer Persönlichkeit ab. Der eine macht einen großen Bogen um den Hund, der andere wechselt sogar die Straßenseite, der nächste versucht, sich nichts anmerken zu lassen und geht einfach weiter oder ein vierter Mensch wird wütend und beschimpft den Hundehalter des „gefährlichen" Hundes.

Vorannahmen und Vorurteile sind Assoziationen auf bestimmte Reize/Stimuli. Wir sehen etwas und bilden uns direkt eine Meinung.

Ihre Aufgabe: Überprüfen Sie einmal, mit welchen Assoziationen und Gedanken Sie selber bei verschiedenen Menschentypen und Hundetypen haben.

Wir wollen hier gar nicht zur buddhistischen Weisheit des Nicht-Bewertens aufrufen. Sehr wohl aber eine Fähigkeit aufzeigen, mit Vorurteilen professionell umzugehen: Die Fähigkeit des Lernens gibt uns unter anderem die Fähigkeit, einen gemachten Fehler nicht zu wiederholen. Diese Fähigkeit sollten wir weiterhin nutzen, nur nicht unreflektiert. Die Einstellung, jedes Vorurteil als solches wahrzunehmen und nochmals zu überprüfen, ist eine geeignete Möglichkeit, damit umzugehen. Das heißt, Sie sehen einen Kaukasischen Owtscharka oder einen Kangal und Ihr Gehirn lässt Sie denken: „Aha ein Herdenschutzhund, bestimmt wird es hier Schwierigkeiten geben mit der territorialen Verteidigung!" Ja, das ist sehr wahrscheinlich, muss aber nicht sein. Deshalb sollten Sie es überprüfen.

Es gibt Skinheads mit netten Staffordshire Terriern, Deutsche Boxer, die schlecht motivierbar sind, hyperaktive Neufundländer, Beagle, die im Freilauf immer abrufbar sind und Hunde aus isolierter Haltung, die dennoch keinen Deprivationsschaden entwickelt haben. Es gibt sogar nicht ganz so schlaue Border Collies.

Wie sehr können wir uns auf die Aussagen der Halter verlassen?

Ein einfaches Beispiel zur Verdeutlichung, wie subjektiv Vorstellungen und Eindrücke sein können: Wir stellen uns alle ein Kaninchen vor. Wie sieht es aus? Meins ist klein, grau mit einem weißen Abzeichen und Schlappohren. Und Ihrs? Wuschelig weiß und mit langen Stehohren? Sie sehen, wir sprechen beide von einem Kaninchen und dennoch sind sie grundverschieden.

Polizisten ist es bekannt: Wenn ein Verkehrsunfall geschieht und mehrere Zeugen befragt werden, kommt es zu unterschiedlichen Zeugenaussagen. Hierfür werden zwei Hauptgründe verantwortlich gemacht.

Grund 1 ist die individuelle Wahrnehmung der Welt. Vor allem unsere Erfahrungen tragen dazu bei, die Welt zu sehen, wie sie ist. Aber auch die Persönlichkeit, Einflüsse von Hormonen, Erziehungsmuster und vieles mehr haben Einfluss auf unsere Wahrnehmung. So gibt es Menschen, die stehen morgens auf und sehen die zukünftigen Ereignisse des Tages als Probleme. Ein anderer Mensch steht morgens auf und sieht die täglichen Ereignisse als angenehme Herausforderung an. Er freut sich schon darauf, wenn er die Augen aufschlägt. Kommunikationsfachleute versuchen die Unterschiedlichkeit mit folgendem Bild verständlich zu machen: Niemand sieht die Welt, wie sie wirklich ist. Jeder malt sich nur eine Landkarte (als Kopie der Welt), aber jeder hat eine andere Landkarte, die sich in größeren oder kleineren Details voneinander unterscheidet.

Als **Grund 2** wird die Fähigkeit des menschlichen Gehirns gesehen, fehlende Wahrnehmungen mit eigenen erfundenen Details zu komplettieren. Nehmen wir als Beispiel einen Verkehrsunfall, bei dem Folgendes passierte: Herr Dungstedt geht an einer Straße auf eine Kreuzung zu. Kurz bevor er da ist, nimmt er einen PKW wahr, der ihn überholt. Kurz darauf wird er von etwas abgelenkt und schaut in die andere Richtung. Noch während er wegschaut, hört er das Quietschen der Bremsen und einen fürchterlichen Krach. Als er zur Kreuzung blickt, sieht er zwei PKW, die ineinander gefahren sind.

Später wird die Aussage von Herrn Dungstedt zu Protokoll genommen: *"… und der mit dem roten Golf hat dem anderen die Vorfahrt genommen."*

Wie kommt Herr Dungstedt dazu, diese Aussage zu machen? Er hat es doch gar nicht gesehen. Dennoch glaubt er es. Das Gehirn von Herrn Dungstedt hat ein großes Interesse (hohe emotionale Beteiligung durch räumliche Nähe/seine Position als Zeuge), den Ablauf klar „vor Augen" zu haben. Aus diesem Grund zapft das Gehirn das Wissen von Herrn Dungstedt nach ähnlichen Ereignissen an. Auch ist es in der Lage, Abstraktionen des Geschehens zu erstellen. Das wirklich Phantastische daran ist, Herr Dungstedt glaubt wirklich, die eigentlich fehlenden Teile, die sein Gehirn rekonstruiert hat, gesehen zu haben. Für ihn ist es die Wahrheit. Wieder haben wir einen Grund dafür, warum Wahrheiten nur subjektiv sein können. Deswegen werden sie vom jeweiligen Menschen aber trotzdem als Wahrheit wahrgenommen.

Sachverhalte einkreisen: Katrin und Paul liegen tot in einer Wasserlache

Im obigen Text sind Beispiele genannt worden, wie die einzelnen Bestandteile einer Analyse, wie „Situation" oder „auslösender Reiz", immer weiter eingeengt werden können, bis alle Komponenten der Analyse klar herausgearbeitet sind. Diese Art der Fragestellung verlangt ein bisschen Übung. Im Alltag sind wir es häufig nicht gewohnt, so sehr ins Detail zu gehen und so lange weiter zu fragen, bis wir es auch wirklich verstanden haben. Es gibt jedoch einige sehr amüsante Spiele, die uns lehren können, diese Fragestellungen anzuwenden: Im Handel ist dazu das Buch „Was geschah mit Herrn Pasulke?" erhältlich.

Auch die bekannten „Black Stories" sind eine Sammlung von Geschichten, bei denen man nur einige spärliche Informationen erhält und den Ablauf einer Handlung durch geschickte Fragen herausbekommen muss. Diese Spiele kann man zu zweit, aber auch mit mehreren spielen. Dabei kennt ein Mitspieler aus der Vorgabe des Buches den Ablauf einer Geschichte. Zum Beispiel in der Überschrift: Katrin und Paul liegen tot in einer Wasserlache. Das sind Ihre Startinfos – doch was verbirgt sich dahinter? Es sind zwei Fische gestorben, weil eine Windbö ein Fenster hat aufschlagen lassen und dabei ihr Aquarium hat zu Bruch gehen lassen. Nun liegen sie tot in einer Wasserlache auf dem Boden. Die Fische hatten Namen und hießen Katrin und Paul.

Der Fragesteller in der Runde gibt aber nur (in die Irre führende) Details bekannt, die ihm durch die Spielregeln des Buches vorgegeben sind. So liest er dann vor: „Katrin und Paul liegen tot in einer Wasserlache. Was ist passiert?"

Die anderen Spielteilnehmer dürfen jetzt Fragen stellen. Allerdings nur geschlossene Fragen; also Fragen, die der Vorleser nur mit „Ja" oder „Nein" beantworten darf.

Bei einem „Ja" darf der Spieler nochmals fragen. Bei einem „Nein" wird das Recht, eine Frage zu stellen, an den nächsten Spieler weitergegeben.

Gerade bei der hier genannten Aufgabe ist der Gedankensprung, dass es sich bei den Toten, die ja Menschennamen haben, aber um Fische handelt, besonders schwierig. Wenn wir genau dieses Spiel mit Freunden spielten, kam die Frage, ob es sich überhaupt um Menschen handle, erst äußerst spät im Spielverlauf. Ab dem Zeitpunkt, an dem klar war, dass es sich um Fische handelt, war der Rest der Geschichte schnell erfragt.

Genauso ergeht es uns in einem Anamnesegespräch. Wird dort übersehen, welcher Reiz genau zum Verhalten führte oder können wir die Situation mit ihren Kontexten nicht genau bestimmen, dann werden wir nicht zur Lösung kommen. Aber auch die anderen Punkte der Analyse müssen genau herausgearbeitet werden. Denn wer die Aussage: „Meiner geht dann auf den anderen los.", einfach so stehen lässt, wird keine vernünftige Diagnose erarbeiten. Er weiß ja noch nicht einmal, wie der Hund sich genau verhalten hat!

Muss ich mit jedem klarkommen?

Nein, und es sollte auch ganz klar verinnerlicht werden, dass es nicht darum geht, dass wir aus unserer Rolle fallen und uns verstellen. Denn dann fühlen wir uns nicht wohl in unserer eigenen Haut und werden auch kein guter Trainer für den Kunden sein. Haben wir ein schlechtes Gefühl und möchten auch nicht mit dem Mensch-Hund-Team trainieren, so wäre hier die Empfehlung, entweder an einen Fachkollegen zu überweisen oder sich direkt von dem Kunden zu trennen.

Maßnahmen im akuten Zustand (Notlösung)

Während Ihres Trainings kann es immer dazukommen, dass es auch mal schiefläuft. Ein Hund wurde durch den Halter nicht richtig gesichert und flitzt durch das noch nicht richtig verschlossene Hundeplatztor auf die Straße.

Hunde zeigen starkes Aggressionsverhalten, weil der Abstand zueinander nicht korrekt eingehalten wurde und es ergeben sich Verletzungen in Ihren Stunden. Nun sind Sie gefragt, die richtigen Maßnahmen zu wählen, um Situationen zu entspannen.

Maßnahmen im akuten Zustand sind also Hilfsmittel, die der Schadensbegrenzung und der Deeskalation dienen und keinen direkten Einfluss auf das zukünftige Verhalten des Hundes haben. Es wird also nicht trainiert, sondern es geht darum, so elegant wie möglich aus der Situation herauszukommen: Es wird nach einer Notlösung gesucht, um den Hundehalter zu entspannen und den aufgeregten Hund zu entstressen.

Versuchen Sie in diesem Augenblick:

Ich-Botschaften anzuwenden. Vermeiden Sie Du-Botschaften.

Ich-Botschaften verhindern, dass sich jemand angegriffen fühlt, oder dass er glaubt, es würden ihm Vorschriften gemacht.

Du-Botschaft	Ich-Botschaft
Du hast mich falsch verstanden.	Ich habe mich unklar ausgedrückt.
Du kannst das doch so machen …	Ich hatte gute Erfolge, wenn ich es so gemacht habe …
Du hast aber gesagt …	Ich habe verstanden …
Da musst du dich doch fragen …	Da frage ich mich …

Haben Sie also keine Sorge vor dem Ansprechen von Missständen. Überlegen Sie nur vorher, wie Sie kommunizieren wollen. Hier noch ein schönes Zitat des Wirtschaftspsychologen und Managementtrainers Dr. Rainer Stroebe über kommunikative Kompetenz:

„Kommunikative Kompetenz meint nicht das Erreichen irgendeiner Art von Perfektion. Kommunikativ kompetent zu sein bedeutet vielmehr, emotionale Fallen und Rückschläge vermeiden und Schaden, der nicht zu vermeiden war, wieder in Ordnung bringen zu können." (Stroebe et al. 1996).

In fünf Kapiteln haben wir Ihnen einige Werkzeuge an die Hand gegeben, mit denen Sie nun gerüstet sind, um Ihre Selbständigkeit aufzubauen! Wir drücken Ihnen die Daumen, dass Sie eine wunderbare Zukunft mit Ihrer Hundeschule erleben, die Ihnen Spaß und Erfolg zugleich bringt.

Wir hoffen, dass Ihnen das Lesen des Buches und die Umsetzung viel Freude bereitet hat. Sollten Sie noch weitere Fragen haben, sind wir gerne für Sie da. Zögern Sie nicht, sich bei uns zu melden.

Herzliche Grüße und alles Gute für Ihre Zukunft als Hundetrainer/-in!

Ihre Kristina Ziemer-Falke und Ihr Jörg Ziemer

Auf den folgenden Seiten finden Sie alle Kopiervorlagen und Downloads der Musterseiten

Seite 231: Telefonnotiz (im Text auf Seite 145)

Seite 232: Stundenplan für Gruppenkurse und Einzelstunden (im Text auf Seite 143)

Seite 233-235: Anamnesebogen (im Text auf Seite 152-154)

Seite 236: Hausaufgabenheft (im Text auf Seite 159)

Seite 237-238: Follow-up-Fragebogen und Wunschzettel (im Text auf Seite 161-163)

Unter diesem QR-Code finden Sie alle Vorlagen

oder unter:
www.kynos-verlag.de/start-up-downloadvorlagen.htm

Telefonnotiz

Datum: .... Uhrzeit: ....

Vor- und Nachname: ....

Telefon: .... Mobil: ....

E-Mail-Adresse: ....

Anschrift: ....

Name des Hundes: .... Alter des Hundes: ....

Geschlecht des Hundes: ☐ weiblich ☐ männlich

Kastriert: ☐ ja, am: .... ☐ nein

Rasse: ....

Welches Problem *(Stichpunkte):*

....
....
....
....

Mein To-Do:

....
....
....
....
....
....

Stundenplan für Gruppenkurse und Einzelstunden

Kalenderwoche _____

Zeit	Montag	Dienstag	Mittwoch	Donnerstag	Freitag	Samstag	Sonntag
08:00							
09:00							
10:00							
11:00							
12:00							
13:00							
14:00							
15:00							
16:00							
17:00							
18:00							
19:00							
20:00							

Anamnesebogen

An	Absender:
	Tel: Mobil: Mail:
Name des Hundes:	Geburtsdatum des Hundes:
Rasse/Mischling aus:	
Geschlecht:	Rüde: ☐ Hündin: ☐
Ist der Hund kastriert?	ja: ☐ nein: ☐
Wie alt war der Hund zum Zeitpunkt der Kastration?	
Weshalb wurde Ihr Hund kastriert?	
Woher haben Sie Ihren Hund?	
Seit wann lebt er bei Ihnen?	
Wie alt war er, als er zu Ihnen kam?	

Hatte er schon Vorbesitzer?	ja: ☐	nein: ☐
Was wissen Sie über die Vorgeschichte Ihres Hundes? Hier bitte keine „Vermutung" angeben, sondern nur gesicherte Angaben:		
Welche Menschen und Tiere gehören zum sozialen, häuslichen Umfeld Ihres Hundes?		
Leben in Ihrem Haushalt noch andere Hunde?	ja: ☐	nein: ☐
Wenn ja, welche und wie viele? Alter, Rasse, Geschlecht:		
Ist dies Ihr erster Hund?	ja: ☐	nein: ☐
In welcher Wohngegend leben Sie? Stadt, Dorf, Wohnung, Haus, Garten …		
Welche Probleme gibt es im Zusammenleben mit Ihrem Hund?		
Was genau tut er dann?		
Wie hat sich dieses Verhalten entwickelt?	spontan:	eher schleichend:
Wann ist Ihnen dieses Verhalten zuerst aufgefallen?		
Was haben Sie bisher dagegen getan?		
Waren Sie schon einmal in einer Hundeschule?	ja: ☐	nein: ☐
Falls ja, was hat er dort erlernt?		
Sind Sie dort gerne hingegangen?	eher ja: ☐	eher nein: ☐

Wo hält sich der Hund tagsüber hauptsächlich auf? Garten, Haus, Zwinger, ein bestimmter Raum, …	
Wo schläft der Hund nachts?	

Wie viele Stunden ist der Hund normalerweise allein?	
Folgt Ihnen der Hund in der Wohnung gerne auf Schritt und Tritt, sodass es störend ist?	

Gibt es Situationen, in denen Ihr Hund gestresst erscheint? Wenn ja, welche?				
Bleibt Ihr Hund problemlos allein zu Hause?				
Falls nein, was tut er dann?				
Wie oft und wie lange gehen Sie täglich mit dem Hund spazieren?				
Der Hund läuft dabei:	überwiegend an der Leine	überwiegend frei	sowohl, als auch	
Der Hund hat dabei:	häufig Kontakt zu anderen Hunden:	selten Kontakt zu anderen Hunden:		

Zeigt er beim Spaziergang Angst oder reagiert er aggressiv?				
Wie ist das Verhalten in fremder Umgebung?	sicher-stabil	leicht unsicher	unsicher-ängstlich	unsicher-aggressiv
Wie ist das Temperament des Hundes? Z.B phlegmatisch, ruhig, normal, aktiv, lebhaft, hektisch, nervös, …				
Zieht Ihr Hund an der Leine?				
Was füttern Sie als Hauptmahlzeiten?				
Bekommt Ihr Hund auch Knabberartikel oder Leckerchen?				
Spielen Sie regelmäßig mit dem Hund? Wie lange, wie oft und was?				
Leidet Ihr Hund an einer chronischen Erkrankung? Falls ja, an welcher?				
Bekommt Ihr Hund regelmäßig Medikamente? Falls ja, welche? (Bitte Dosierung mit angeben!)	ja: ☐			nein: ☐
Seit wann bekommt er diese Medikamente:				
Leidet Ihr Hund an Hautkrankheiten? Wenn ja, welche?				

Haben Sie bei Ihrem Hund schon einmal folgende Verhaltensweisen beobachtet?
Bitte ankreuzen:

	nie	selten	häufiger	oft
Rastlosigkeit, Hund kann nicht zur Ruhe kommen				
Hund wird nie müde, will spielen bis zum „Umfallen"				
unangemessen nervöses oder aggressives Verhalten				
Hund wirkt abwesend				
Zittern				
Hecheln ohne vorherige Anstrengung oder Wärme				
übertriebenes Lecken oder Kratzen des Fells				
Gegenstände zerstören				
Bellen, Winseln usw.				
Stubenunreinheit				
Er zieht störend an der Leine.				
Aggressionen gegenüber anderen Hunden				
Aggressionen gegenüber Menschen				
Aggressionen gegenüber Menschen des gleichen Haushalts				
Aggressionen gegen: _____				
liebevolles Verhalten				
starkes Fordern				
Angst vor: _____ _____				

(bitte ankreuzen)

	klappt sehr zuverlässig (auch unter Ablenkung)	klappt oft	klappt selten
Laufen an lockerer Leine			
„PLATZ"			
„SITZ"			
Verbotswort			
„HIER"			

Hausaufgabenheft

Datum	Übung	Ziel	Besonderheit 1	Besonderheit 2	Sonstiges	Geschafft?

Follow-up-Fragebogen

An	Absender:
	Tel: Mobil: Mail:

Sie nahmen	
☐ einzelne Stunden	☐ Gruppenstunden

Das Training war:	
☐ sehr hilfreich	☐ etwas hilfreich

Die Kosten waren:			
☐ viel zu hoch	☐ etwas zu hoch	☐ angemessen	☐ niedrig

Wie viele der Behandlungsempfehlungen haben Sie zu Hause angewendet?		
☐ alle	☐ die meisten	☐ keine

Wie lange wurden die Empfehlungen befolgt?	
☐ einige Wochen oder länger	☐ ein oder zwei Wochen

Wie effektiv waren diese Empfehlungen?		
☐ sehr effektiv	☐ halfen nicht	☐ nicht hilfreich

In welchem Maße verbesserte sich das Hauptproblem?	
☐ Hauptproblem völlig eliminert	☐ Hauptproblem beträchtlich verbessert
☐ Hauptproblem unverändert	☐ Hauptproblem stark verbessert
☐ Hauptproblem leicht verbessert	☐ Hauptproblem hat sich verschlimmert

Wie zufrieden waren Sie mit dem/r Trainer/in?	
☐ sehr zufrieden	☐ nicht zufrieden

weil:

Wunschzettel

Themen Ihres Wunschkurses:

Vortrags-/ Informationsabend:

Welche Inhalte würden Sie sich wünschen?

Weitere Interessen: Vortrag (Theorie)

Gemeinsame Aktionen mit anderen Hundehaltern und einem Fachmann
(z. B. Stadtspaziergang, Nachtwanderung, Abenteuerspaziergang, Schnitzeljagd, Wettkämpfe um Geschicklichkeit oder Geschwindigkeit)

Themen Ihrer Wunschaktion:

☐ Hundesport mit Hürden (Parcours) ☐ Hundesport mit Denkaufgaben für den Hund

☐ Anti- Aggressionstraining ☐ Anti-Jagdtraining

☐ Spezielles Training zum sicheren Abrufen des Hundes

Wann würden Sie sich am liebsten unter fachlicher Anleitung mit Ihrem Hund trainieren?

☐ Nur am Wochenende? ☐ Nur in der Woche? ☐ Auch am Wochenende? ☐ Auch in der Woche?

Welche weiterführenden/ergänzenden Angebote würden Sie sich wünschen?

Weitere Anmerkungen/Impulse/Tipps:

Unsere persönlichen Empfehlungen für Partner, mit denen wir gute Erfahrungen in der Zusammenarbeit gemacht haben

Versicherung
AXA Regionalvertretung
Heyltjes & Neumann oHG
Mintarder Str. 26
45481 Mülheim
Telefon: + 49 208 848 447 0
Fax: + 49 208 848 447 25
E-mail: heyltjes.neumann@axa.de
Web: www.axa-betreuer.de/heyltjes_neumann

Digitalagentur, Schwerpunkt Videoproduktion und Social Media Marketing
TopDogs Media oHG
Gerhard-Stalling-Str. 47a
26135 Oldenburg
Telefon: + 49 441 361156-90
E-mail: info@topdogs.de

Unternehmensberatung für die Branche Hund
Hundeunternehmer gut beraten
Tina Gärtner
E-mail: info@hunter.de
Web: hundeunternehmer-club.de
Web: www.hundeschulkonzepte.de

PR Agentur rund um den Hund
MopsFidelia
Sabine Geest
Oddernskamp 11
22529 Hamburg
Telefon: 040 432 158 56
Mobil: 0171 201 219 8
E-mail: s.geest@mopsfidelia.de
Web: www.mopsfidelia.de

Hundeschulenzubehör
4PFOTENland GmbH
Elzstraße 26
79312 Emmendingen
Telefon: + 49 7641 934 6380
E-mail: info@hundeschulen.com
Web: www.hundeschulen.com

Hundezubehör
HUNTER® International GmbH
Mittelbreede 5
Gewerbegebiet Niedermeyers Hof
33719 Bielefeld
Telefon: +49 (0) 521 16399-500
E-mail: info@hunter.de
Web: www.hunter.de

Spezialversender für Hundebedarf
Schecker GmbH
Ostvictorburer Straße 109
26624 Südbrookmerland
Telefon: 04942-202220
Telefax: 04942-4808
E-mail: info@schecker.de
Web: www.schecker.de

Outdoor-Bekleidung
INSTADIUM GmbH & Co. KG
Dinklager Str. 125
49451 Holdorf
Telefon: +49 (0) 5494 9888 45
E-mail: info@owney.de
Web: www.owney.de

Futterhersteller
Happy Dog
Südliche Hauptstraße 38
86517 Wehringen
Telefon: +49 (0) 82 34 / 96 22 418
E-mail: info@happydog.de
Web: https://www.happydog.de/happy-dog-service/hundeschulen/

Hundeschulkonzepte
Raphaela Niewerth
Nahkamp 16
48683 Ahaus
Telefon: +49 2561 4296581
Fax: + 49 160 96674620
E-mail: info@hundeschulkonzepte.de

So erreichen Sie uns:

Ziemer & Falke – Schulungszentrum für Hundetrainer GmbH & Co. KG
Blanker Schlatt 15
26197 Großenkneten
Tel.:04435 - 9705990
E-Mail: info@ziemer-falke.de
Web: www.ziemer-falke.de

Facebook: www.facebook.com/Hundetrainerausbildung
www.hundetrainer-helferlein.de

Buchtipps

Kristina Ziemer-Falke & Jörg Ziemer, Fallbeispiele für Hundetrainer. Kynos Verlag.

Kristina Ziemer-Falke & Jörg Ziemer, Neue Fallbeispiele für Hundetrainer. Kynos Verlag.

Online-Lernprodukte für Hundetrainer: https://www.hundetrainer-helferlein.de